Lorin J. Elias Ph.D.
洛林‧J‧伊萊亞斯博士

吳煒聲 譯

大腦側效應

How Left-Brain
Right-Brain Differences
Shape Everyday Behaviour

Side Effects
秀左臉,向右轉?
左右我們行為偏好的祕密

本書獻給最棒的左撇子拉娜（Lana）

目錄

序言   5

第 1 章
慣用手：左撇子更優越嗎？   15

第 2 章
腳、眼、耳、鼻：從「右」開始，就對了   45

第 3 章
語言暗示：左側遭到歧視了   63

第 4 章
左親親、右親親：我們會接吻嗎？   77

第 5 章
抱抱偏見：你抱娃娃的方式對嗎？   97

第 6 章
擺姿勢：秀出最迷人的半邊臉頰   117

第 7 章
光源偏好：我們調對燈光了嗎？   141

第 8 章
藝術、美學和建築中的側偏好 161

第 9 章
慣用手勢：遺留的行為化石 185

第 10 章
轉向偏好：右轉、右旋、右繞圈 199

第 11 章
座位偏好：選不選 2B 座位？ 217

第 12 章
運動偏好：左動作「對決」右動作 237

後記 260
致謝 271
資料來源 277
圖片來源 332

序言

> 我認為自己的身體是我思想的側效應（side effect）。
> ——美國演員嘉莉・費雪（Carrie Fisher）

　　人類行為是傾向一側的。我們的身體是對稱的，至少外觀上如此，但我們的行為卻不是這樣。左右手看起來區別不大，但幾乎90％的人慣用右手寫字和丟東西，從事技巧性活動時，也會經常使用右手。然而，多數人抱嬰兒時，通常會將其抱在左側。一般人擺姿勢讓別人畫肖像或拍照時，無論是16世紀的繪畫或者IG自拍照，都習慣露出左臉頰。而我們親吻愛人時，經常將頭向右歪斜。為何我們的行為會如此左右不對稱？我們又如何從這些現象去理解大腦呢？當我們將自拍照上傳到約會網站的個人簡介時，該如何運用這些資訊讓我們的自拍照更好看？或者，我們該如何使用Photoshop處理政治廣告，讓候選人更能吸引某些選民？了解左右腦差異如何改變我們的觀點、傾向和態度，可以幫助我們在藝術、建築、廣告甚至運動方面，表現得更好嗎？讀完本書後，你將會了解大腦的側偏向（lateral bias）如何影響我們的日常行為，以及該如何善用這些資訊讓自己表現得更好。

在科學實驗室、醫院的腦部掃描儀上，或者從有單側腦損傷或進行腦部手術後的個人行為中，我們很容易發現左右腦的功能差異。然而，我們從正常人的日常生活中也能輕易觀察到這類左右差異。人的失衡行為就隱藏在眾目睽睽之下。

我們的某些左右差異非常一致，而且由來已久。例如，無論男性或女性，無論來自馬來西亞或法國，90％的人都喜歡用右手。此外，根據對古代文物和藝術品的分析，人類這個物種在五十多個世紀裡一直偏好使用右手。[1]其他強烈的側偏好（lateral preference）是近世才出現，只有數百年的歷史，好比肖像畫中擺姿勢的偏好。如果仔細觀察描繪耶穌被釘在十字架的宗教藝術作品，便會發現在90％的畫作中，耶穌都是向右轉頭，露出左臉。[2]我們抱嬰兒時的側向姿勢偏好也由來已久，但遠遠沒有像我們在群體層面上慣用右手的強烈偏好,大約70％的人抱嬰兒時都是抱在左側。

本書檢視的不平衡行為與我們潛在的左右腦差異有關。每個人的大腦都是獨一無二的。雖然每個人的臉龐外觀各不相同,但多數人的頭骨內都有相同的構造,具有同樣的整體形狀、位置和功能。然而,每個大腦卻是不一樣的。本書分析的左右差異都是「基於群體層面」。換句話說,這裡討論的偏好適用於一大群人的趨勢,但不一定適用於群體中的每一個人。以慣用手為例,從群體層面來看,一般人習慣使用右手,但有些人就是左撇子。我們知道90％的人都是右撇子[3],但這不表示左撇子有什麼問題,或者他們和右撇子大不相同。其他大腦偏側化(lateralization)的個體差異也是如此。對於90％的人來說,左腦主導語言[4],但這並不表示10％以右腦主導語言的人,在口說或書寫方面表現會比較差。

失衡行為的個體差異偶爾可能揭露了某些問題。例如,新手媽媽通常會朝左邊抱嬰兒,但患有憂鬱症的母親可能更常把嬰兒抱在右邊。[5]如果你喜歡將孩子抱在右邊,是否表示你得了憂鬱症?絕對不是。然而,如果將喜歡朝右抱嬰兒的群體與朝左抱小孩的人相比，憂鬱症在前面那個群體中更為常見。本書探討群體層面和群體的趨勢，而非診斷或分析個人情況。

以上是我的免責聲明，但我們繼續說下去之前還得注意一點：本書分析的左右差異是相對的，而不是絕對。我偏好使用右手，但我的左手也不是完全沒用。我經常用左手完成我很少做的事情，好比撿東西和搬運物體。我會用左手投籃，有時還能靠這招贏得「H-O-R-S-E」（譯按：美國街頭籃球比賽）技術投籃比賽。同樣地，我從功能性核磁共振造影（fMRI）掃描中得知，我的左腦主要負責語言。然而，這並不表示我的右腦是「功能性文盲」。我的右腦可以閱讀和理解好幾種語言的單字，但閱讀速度、流暢程度和細微掌控（尤其當語序很重要時），卻不如我的左腦。正如前文所言，左右腦的差異是相對，而非絕對。就算差異是絕對的（但事實並非如此！），左腦和右腦卻會透過胼胝體（corpus callosum）的白質結構相互連接，而胼胝體非常神奇，會從左右腦來回超過2.5億次的投射（projection）。[6]

大腦的兩個半球協同合作，形成感知、記憶，甚至偏好。要說左腦或右腦對上述任何一件事負起全責，不僅過於簡化，而且通常是錯的。舉例來說，我十幾歲的女兒米列娃（Mileva）走進客廳，我一看到她，就驚呼道：「妳的鞋子真漂亮！」她的左腦可能更擅長解碼口語，因此可能將我的話解讀為是一種讚美。然而，如果我語帶諷刺呢？「妳的鞋子真——漂亮！」米列娃的右腦通常會主導音高和聲調的解碼能力，當下她就會察覺我話語含義的轉變，所以當她離開客廳時，就會對我這個老爸嗤之以鼻，笑我一點時尚觀念都沒有。

撇開免責聲明不談，在群體層面上，左右腦之間有許多結構、化學和功能方面的差異。右腦往往比左腦更大和更重，以及含有更多的白質（被稱為髓鞘／髓磷脂〔myelin〕的脂肪絕緣體覆蓋的腦細胞），而且組織雖較為分散，但組織間的連接卻更為緊密。[7]相較之下，左腦更小且更密集，含有更高比例的灰質（即腦細胞 brain cells）。如果我們從頭骨取出一個典型的大腦並從上方觀察，它往往會呈現逆時針扭轉的外觀[8,9]，右腦的額葉會向前延伸得更遠，而左腦的枕葉（最後面的部分）則向後延伸得更遠（請參閱下頁圖1）。左右腦還有更多

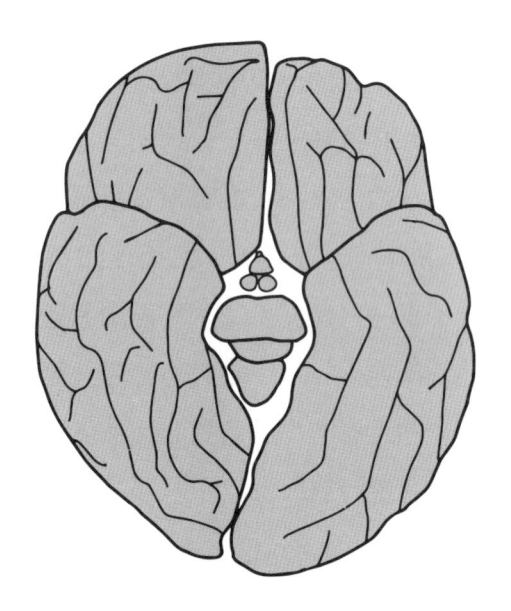

圖1：從下往上看大腦，右額葉通常向前延伸得更遠，左枕葉則伸到大腦的更後面。若從上面看大腦，它會呈現逆時針扭轉的外觀。

的側差異（lateral difference），例如顳平面[10]（planum temporale，與語言處理相關的結構）通常在左腦中更大。這些只是實體差異。本書討論的是**功能差異**。

最著名的功能差異是左腦的語言優勢。從腦損傷、腦部手術和功能性腦部造影的研究得知，對90%的人來說，左腦主導語言，也擅長感知語序（亦即句法）來理解短語的意思（例如：「狗咬人」和「人咬狗」）、感知音樂節奏、執行邏輯順序，以及規畫動作順序。相較之下，右腦擅長感知情緒（尤其是負面情緒）、空間訊息、音樂的音高／旋律、臉部辨識、說話的語氣，以及感知圖片、聲音和空間中的主題。[11]

脊椎動物神經系統最顯著和最令人費解的特徵，就是它的對側組織（contralateral organization）。對於每一種已知的脊椎動物（甚至寒武紀的無頜魚〔Agnathan〕），但不包含已知的無脊椎動物，大腦右側控制身體的左側，大腦左側則控制身體的右側。[12] 同樣地，左右交叉控制也適用於進入神經系統的訊息。觸摸左手，右腦就會感知，反之亦然。對於人的某些感官來說，這種左右交叉現象比其他的感官更為完整。[13] 就視覺訊息而言，幾乎所有的左側訊息（不是透過左眼，而是從左側進入雙眼的資料）都會投射到右腦（請參閱下頁圖2）。聽覺略有不同，大約70%的訊息會從左耳投射到右腦。[14] 為什麼神經系統會出現這種交叉作用呢？我不清楚個中道理，但事實就是如此。

當你閱讀本書時，有時會搞混左邊和右邊，但這不是

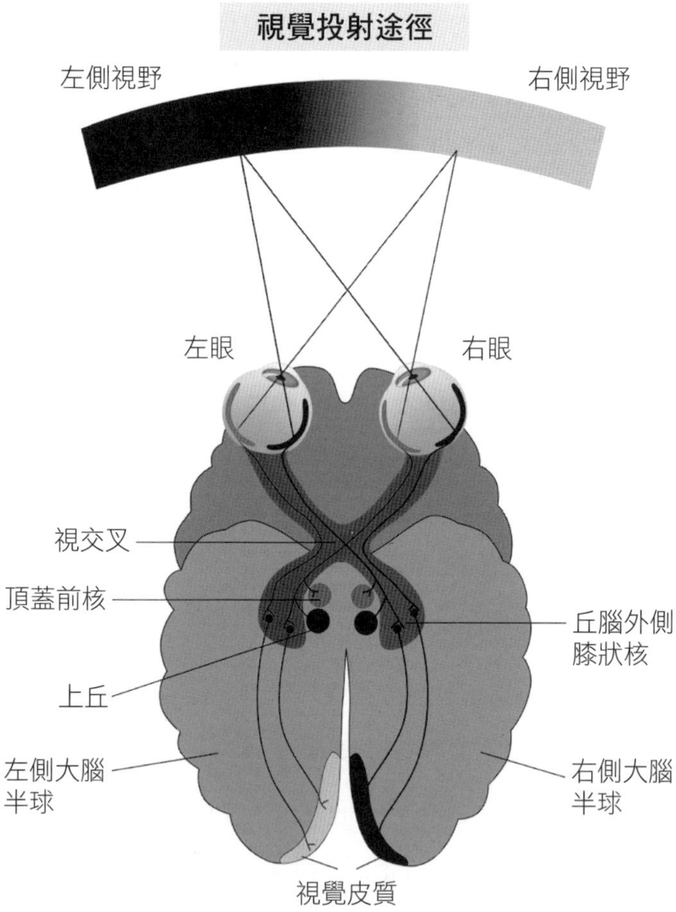

圖 2：人類神經系統呈現出對側組織，來自空間某一側的訊息主要由大腦的另一側處理。這張圖詳細說明視覺訊息的交叉作用，但相同的原理適用於多數的感覺系統和運動控制。

你的錯。你沒有什麼問題。我有時會要你做一些奇特的腦力體操,我認為借助一、兩張圖片就可以克服左右混亂的難題。上頁圖 2 顯示了視覺系統的交叉作用,看起來很簡單:左側的空間進入右腦,反之亦然。右腦專門負責臉部辨識,導致我們自拍時習慣左臉對著鏡子。當我開始描述這種現象時,你必須想像一個人的臉位於視野中心,再想像兩個人面對面的時候,哪半張臉位於哪個空間,然後在你的腦海中再次顛倒左右,因為我們討論的場景是有人在照鏡子!

本書的編排方式是一次討論一種側偏好,這可能會給人一種印象,感覺側偏好通常是相互獨立的,但其實並非如此。例如,用手偏好(請參閱第一章)與我們對腳、耳朵和眼睛的側偏好(請參閱第二章)密切相關。擺姿勢偏好(請參閱第六章),也與我們在同一件藝術品中看到的光源方向偏好(請參閱第七章)有關。這並不表示某種偏好必然導致另一種偏好。我在不同章節討論不同的偏好,並不表示它們是離散和獨立的現象,許多偏好是相互關聯的。等我們單獨檢視過每項側偏好以後,我會在〈後記〉將這些偏好串聯起來。

第1章

慣用手：
左撇子更優越嗎？

我用右手喝咖啡，用左手抽菸，
但我說話時卻雙手並用。

——美國演員喬治・伯恩斯（George Burns）

最著名和最明顯的側效應就是慣用手。從群體層面來看，多數人偏好使用右手，從中便可輕易看出人腦是失衡的。慣用手並非新發現或新發展的側偏好，連《聖經》等古代文獻也曾提及。然而，不知何故，這種用手習慣卻成了被人研究最多但也最神祕的側偏好，人人都會注意到這種左右差異。專門探討慣用手的書籍有數十本，即便你沒有讀過其中一本，我猜你也曾想過自己為何會習慣使用某一隻手。一旦慣用手輕微受傷，我們便會深刻發現，另一隻手竟然如此無用，進而感到尷尬無比。

因此，本書最好先分析人在日常生活中使用左右手的習慣，但如此開篇也是最糟糕的。然而，我真的別無選擇。各位將在後續章節中發現，慣用手會影響（不是導致，而是影響）書中討論的其他多數側偏好。慣用手的影響錯綜複雜且無所不在，我研究別種側偏好時根本無法擺脫它。為了與其他章節的重點保持一致，我討論慣用手時會局限於日常生活，然後透過這個角度去描繪其他的側偏好。

右撇子占人口的比例有多少？我可以簡短回答，也能給出冗長的答案。簡短的答案是，大約 90% 的人習慣使用右手。那冗長的回答呢？右撇子占比多少，得看一個人的出生地,也取決於這個人的出生時間,還端賴他成長的文化和環境,以及他的性取向。這個比例甚至取決於一個人的(胚胎)發展軌跡,以及在出生過程中或者之前是否出了什麼差錯。這還取決於一個人的性別。話雖如此,取決的因素就只有這麼多。這些因素可能會將大約 10% 的比例推高一點,但也很有限。除了左撇子大會(儘管有左撇子的虛擬聚會,甚至還有一些面對面的集會,特別在 8 月 13 號的國際左撇子日〔International Left Handers Day〕),你永遠不會在某個時間、某個場所或某個文化中,找到一個超過 50% 的人偏好使用左手的龐大群體。

讓我們先回顧一下歷史。現代的圖像檔案中有大量關於慣用手的資料。我們可以查看一些圖片,譬如檢視重要文件的簽名照片,甚至查看數十年前的棒球卡背面,從中推斷某個去世已久之人的用手習慣。然而,這類紀錄只能追溯到這麼久以前。如果要問人類習慣用右手有多久了,該在哪裡找出答案呢?早期的文字紀錄非常罕見。例如,《舊約・士師記》第二十章第 15–16 節,描述了一場由 700 名左撇子或善用雙手者和 26,000 名右撇子戰鬥的場景。從這個比例(97%)來看,人類非常愛用右手。

圖3：若檢視橫跨數個世紀的洞穴壁畫，經常會看到畫中人物用右手拿東西。

然而，如果我們可以追溯到比《聖經》更久遠的時代，甚至回到數百萬年之前。南方古猿（Australopithecus）的狩獵方式顯示出慣用右手的跡象！[1] 舊石器時代的石器提供了有力證據，顯示當時的工具製造者是以右手旋轉石芯。[2] 從北京猿人製造的石器也能看到類似的模式。[3] 此外，幾乎每一種早期文化都會繪製人們從事狩獵之類的各種活動圖像。在某些圖像中（請參閱上圖3），我們可以清楚看到某個人只用一隻手投擲武器或手執物體。從克魯馬儂人（Cro-Magnon people）的手繪圖畫[4]、對北美原住民藝術的考察[5]，以及西元前 2500 年至 1500 年的埃及貝尼・哈桑（Beni Hasan）和希臘底比斯（Thebes）墳墓中，描繪人物用手從事技巧性活動的繪畫[6]，便可看出人類對右手的強烈偏好。

圖 4：這幅壁畫位於阿根廷巴塔哥尼亞（Patagonia）的某個洞穴（手洞〔Cueva de las Manos〕），圖中的手大部分是左手。這些圖像可能是由奧尼肯克人（Aónikenk people）的祖先，大約在西元 700 年左右繪製的。儘管多數圖像描繪的是左手（829 隻左手，31 隻右手），這些圖像卻被認為是人類習慣使用右手的證據，因為左手可能充當「模板」（stencil），而右手則拿著用鳥骨製成的噴霧管來創作圖像。

有人調查過西元前 15000 年至西元 1950 年，繪製的一萬二千多件清楚描繪人類用單手做動作的藝術品[7]，發現其中 92.6％的作品都讓人物使用右手。隨著時間推移，這種側偏好顯得非常穩定。舉例來說，在西元前 3000 年以前的圖像中，這個比例為 90％；在西元 500～1700 年的圖像中，這個比例則介於 89～94％。我們使用這種公認的不尋常研究技術，便可知道偏好使用右手的習慣，在過去五十個世紀裡基本上沒有改變！[8]

然而，事情可沒那麼簡單。在出生於西元 1900 年左右的人之中，大約 3％是左撇子，但在此之前和之後，左撇子的占比約為五十個世紀以來 10％的平均水平。最棒的一組慣用手資料，基本上是偶然產生的。1986 年，我那時還小，我的父母是《國家地理雜誌》（*National Geographic*）的忠實訂閱者，就在那年 9 月，該雜誌最不尋常的一期版本寄到了我家信箱。它裡面有一張「刮一下、聞一下」（scratch-and-sniff）卡，超過 1,100 萬訂戶被要求辨識卡片上的氣味，回答一些人口統計的問題，然後將卡片寄回雜誌社。在人口統計的問題中，有兩題和慣用手有關，要求讀者填寫他們寫字和投擲時習慣使用哪隻手。調查結果令人難以置信。超過 140 萬人寄回填好的卡片，儘管慣用手似乎與嗅覺辨別（olfactory discrimination，這是最初啟發這項調查的問題之一）無關，但人口統計變量之間的相互關係足以透露某些訊息，尤其這組資料量十分龐大。

這批資料的原始報告指出了兩個關鍵情況。一個非常有趣，另一個則令人費解，還讓人有點擔憂。有趣的發現是，男性自稱是左撇子的可能性比女性高出約 25％。第二項發現引起了多數人關注。在 1950 年後出生的受訪者中，左撇子相對普遍（請記住，這項調查是在 1986 年做的，因此 1950 年之後出生的人當時只有 36 歲以下）。但在出生較早的老年人之中，左撇子則愈來愈少，人數直線下降，在出生於 1920 年或之前的受訪者之中，只有 3％或 4％是左撇子。第二組涵蓋同一時期的資料規模比較小（這次的抽樣對象是英國公民，不是美國公民），也透露出相同模式。[9] 1800 年代末至 1920 年間出生的左撇子跑去哪裡了？在這個群體中，左撇子比率是否真的如此低，或者更糟的是，左撇子的死亡率是否比較高，因此年老的左撇子占比才這麼低？

最簡單但也最可怕的解釋是後一種。也許左撇子通常比右撇子更早死。從表面上看，這似乎是非常容易檢驗的假設，只需要查看左撇子和右撇子的死亡率／預期壽命的統計數據。然而，設計和解釋近期某些研究的結果時，其複雜程度可能會讓各位感到驚訝。在我們探討具體研究前，我需要詳細介紹解決這類問題的兩種截然不同的方法。心理學家研究某個人一生的變化時，可以採取兩種迥異的方式。橫斷研究（cross-sectional study，橫斷面研究）會同時進行，並同時調查不同年齡層的人。先前《國家地理雜誌》研究正是這樣做的。縱貫研究（longitudinal study）則不同，會在一段時間內追蹤同一批人，一遍又一遍測試他們，尋找這段時間內的變化。

關於慣用手和年齡的橫斷研究非常清楚。這些研究一致指出，年輕人的左撇子比例很高（通常超過10％），而老年人的左撇子比例卻非常低（通常為2～5％）。[10～12]可以從很多角度來解釋這種情況，最明顯的就是社會壓力。在一個世紀之前，左撇子面臨很大的社會壓力。我的親戚也跟我說過當年左撇子同學的悲慘故事。這些人的左手被綁在背後，迫使他們用右手寫字。這種做法是要將天生的左撇子轉變為「被強迫的」右撇子（在第十二章的「運動偏好」中，你將會看到相反的例子。在某些運動項目中，選手會被鼓勵成為被強迫的左撇子）。或許很多左撇子根本沒有消失，他們只是被迫改用右手。這種「社會壓力」解釋還有一個更簡單的版本，就是左撇子礙於壓力，比較不願意回報自己習慣使用左手。[13]

然而，事情並未就此結束。另有一些研究追蹤同一個人一段時間，而這些研究也能詳細說明左撇子為何壽命較短。做這類研究相當困難，需要擁有準確且完整的紀錄，包括一大群人的用手習慣和死亡率測量／去世日期。該到哪裡去找這種紀錄呢？如果你猜到「體育」紀錄，我要賞你一顆金星；假使你猜到「棒球」紀錄，我要給你一顆白金星。棒球運動著迷統計數據，這可是出了名的。這些數據包含一些細節，包括球員的慣用手。

斯坦利・科倫（Stanley Coren）和黛安・哈爾彭（Diane Halpern）使用《棒球百科全書》（*The Baseball Encyclopedia*）的統計數據[14]，檢索了書中詳細介紹1975年之前去世的每位球員的數據，然後計算出某人在特定年齡的死亡風險，並將其慣用手考慮在內。他們從運動員20

歲開始研究,發現左撇子球員不會比右撇子球員更早死。然而他們發現,從 33 歲開始,左撇子在下一個生日之前死亡的可能性比右撇子高出約 2%。2% 聽起來可能不多,但年復一年增加,僅此一項就能解釋為何在老年人之中左撇子比較稀缺。在《棒球百科全書》中,右撇子運動員和左撇子運動員的平均壽命差異並不顯著:前者為 64.64 歲,而後者為 63.97 歲。

這項研究廣受媒體的關注,譬如《塑身輕體》(*Weight Watchers Magazine*,暫譯)曾據此刊登專題報導,卻招致諸多批評。某些抨擊最猛烈的人就是左撇子,這似乎牽扯到利益衝突。然而,這些左撇子提出了一些不錯的意見。除了批判原始研究中的統計方法(此處不再贅述細節),批評者還提出了一個很好的觀點,亦即在棒球運動中,只有某些位置才會吸引左撇子球員。更具體而言,左撇子球員通常是投手。在棒球場上,投球也是壓力特別大的工作。如果讓人早逝的是壓力,而非慣用手呢?左撇子是否壽命較短,這種觀點至今仍有爭議。科倫和哈爾彭複製並擴展他們對壽命的研究[15、16],在板球運動員身上也觀察到類似結果。[17] 然而,其他研究未能發現類似情況[18~21],還

有一些研究批評了這些研究採用的方法。[22、23]

我們已經確定,人類歷來是偏好使用右手,但我們尚未考慮地區差異的問題。左撇子的多寡確實會根據不同的地點而有所不同,但我們看到的變化只是程度(degree)的問題,而非方向(direction)問題。這個世界沒有左撇子文化。1836 年,英國醫生湯馬斯‧沃森(Thomas Watson)在《倫敦醫學公報》(*London Medical Gazette*)上完美陳述了這種觀點:

> 綜觀所有國家,人們大多偏好使用右手,我相信世界從未出現左撇子的民族或部落……在近期才被文明世界所知的北美與世隔絕的部落之中,沒有一個是例外的。

沃森將近 200 年前的斷言至今仍然正確無誤,但並未解決左撇子比例的地區差異問題。人們逐漸達成共識,認定存在這種差異,但對於比率則尚未達成一致的看法。部分原因是不同國家的取樣方法有所差異,部分原因是某些國家的樣本數非常少,很難與大國的龐大樣本相互比較。另有一個複雜因素,亦即將居住國與種族或文化聯繫起來愈來愈困難，無法據此概推類化。

許多研究只是簡單比較兩個國家的左撇子比例，然後根據這些配對概略提出一些看法。例如，一項研究發現，加拿大的左撇子占比為9.8％，但日本只有4.7％。[24]一項類似的研究比較了加拿大和印度的左撇子比例，得出了類似的差異。印度的左撇子占比僅5.2％。[25]對亞洲國家的左撇子調查顯示，左撇子的占比非常低，通常介於3～6％，而高加索人樣本（Caucasian sample，泛指白種人）的左撇子比例估計值是兩倍，甚至高達三倍。[26]

將種族／族裔對地理差異的影響與遺傳因素區分方法有很多種，其一是觀察移民人口。1998年，有人對美國數千名醫學院申請者進行過一項調查，結果顯示13.1％的白人申請者是左撇子；而在黑人申請者中，這種比例為10.7％；在西班牙裔申請者中，左撇子占比為10.5％；而左撇子在越南申請者的占比僅6.3％；在韓國申請者中的比例為5.4％；在中國申請者的占比為5.3％。根據《國家地理雜誌》的內容，類似的種族分布在非常龐大的美國資料集也很明顯。[27]總體而言，這些結果表明潛在的遺傳影響，而不僅是文化影響。

慣用手屬於家族遺傳,這種說法沒有爭議。慣用手在很大程度上受到個人成長環境的影響。這種說法也沒有爭議。然而,如何調和這兩種說法,尤其當它們可能導致相反的預測時,則是極具爭議的。閱讀有關慣用手遺傳理論的內容時,請記住以下這點:我無法提供簡單的答案,僅僅因為有壓倒性的證據表明遺傳會影響慣用手,但並不一定表示某個基因會控制這種行為。

一項針對家庭慣用手模式研究的統合分析[28](meta-analysis,從統計的角度而言,統合分析結合了許多不同研究的結果)指出,兩個習慣使用右手的父母有9.5%的機率會生出一個左撇子的孩子。然而,如果父母中有一方是左撇子,這種可能性會上升到19.5%。奇怪的是,若母親為左撇子,這種單親效應似乎會更為強烈。假使雙親都是左撇子,孩子為左撇子的機率會上升到26.1%。這些統計數據本身不需要基因方面的解釋。畢竟,許多非遺傳的東西都是家族遺傳的,例如有些人偏愛肉桂麵包或瑞典汽車。諸如此類的影響可能完全是由父母給予的壓力所造成。然而,一旦納入關於收養的研究,便有相當令人信服的證據來支持遺傳機制。被收養的孩子習慣使用哪隻手,

更有可能遵循親生父母、而非依照養父母的習慣。[29、30]

如果我們回想高中所學的孟德爾遺傳學課程，上一段可能令人印象深刻的數字突然就不再引起共鳴了。各位還記得期末考時填寫的龐尼特方格（Punnett square）嗎？無論我們要預測豆莢裡豌豆的顏色，或者父母患有囊腫纖維化（cystic fibrosis）的機率，這些都無關緊要，用龐尼特方格計算等位基因（allele，對偶基因）時，唯一重要的百分比是0%、25%、50%和100%。7%和21%的左撇子比例並不符合這些百分比。倘若仔細觀察，或許能將26%概略視為25%，但即便如此，要將左撇子的機率提到那麼高，父母雙方都必須是左撇子。雖然慣用手屬於家族遺傳，但似乎不受單一顯性或隱性基因隨意控制並可以預測的。

儘管這些數學比例很難解釋，但大多數早期的慣用手遺傳理論無不指出，慣用手確實是一種隱性特徵，其比例應該遵循孟德爾遺傳學的規律。[31] 然而，左撇子遺傳模式十分複雜，並不符合這類的遺傳模型。多數最近的慣用手遺傳理論解釋了這種複雜性，不是提出涉及多個基因的多遺傳模型，便是在單基因模型中添加「偶然性」（chance）

因素。例如,克里斯‧麥克麥納斯(Chris McManus)和布萊登(M.P. Bryden)[32]提出了一種遺傳理論,指出某個等位基因 D 編碼右撇子,而另一個等位基因 C 則對應於偶然性,可以導致相同的比例右撇子或左撇子。因此,DD 型個體 100％ 是右撇子,CD 型或 DC 型個體 75％ 是右撇子,CC 型個體發展為右撇子或左撇子的機率各占五成。這些比例比早期、更簡單的理論更為接近流行率數據,但也無法完美匹配。

無論是有單一或多個基因,或者是否存在偶然因素,基因本身不太可能決定慣用手的習慣。基因反而可能編碼另一種影響慣用手的過程(process)或基質(substrate,受質),而基因本身必須先與環境互動才能被活化。用手習慣顯然受到基因影響,但我們也可明顯發現,這類影響十分複雜,可能與個人的環境(包括文化背景)相互作用。BBC 曾於 2019 年 9 月 5 日刊登出標題〈發現左撇子 DNA〉(Left-Handed DNA Found)的報導,但如果下次看到這等華而不實的報導時,不要誤以為可以簡單解釋這個特殊問題。

用手習慣顯然是家族遺傳,但我們也很清楚知道,基因只是部分原因。還有什麼會讓人成為左撇子呢？嗯，當然是環境。我們的基因並不存在於真空中，環境決定了基因何時、如何以及用何種組合表達自己。環境可以觸發反應，甚至限制反應範圍或抑制反應。環境也可能更直接影響用手習慣，而非調節基因的影響。這些環境影響因素可能包括來自社會和父母的壓力，尤其是在人生命的早期。它們還可能涉及子宮內的環境，包括胎位和分娩時的壓力等物理因素，或者荷爾蒙（儘管這也可能受到遺傳影響）等化學因素。它們甚至可能是由異常的細胞分裂和孿生（twinning）所產生。

在這些解釋中，最簡單的或許是父母的壓力塑造了孩子的用手習慣。畢竟，我們已經證實，父母（和其他親戚）左撇子愈多，孩子就愈可能成為左撇子。約翰·傑克森（John Jackson）[33]是左右手文化協會（Ambidextral Culture Society）創辦人兼榮譽祕書，他很早就支持這種觀點。傑克森在 1905 年就聲稱，多數人是右撇子，是因為他們的父母都習慣用右手。孩子只要在適當的環境中長大，可以是右撇子、左撇子，甚至善用雙手。為了利用這種靈活性，傑克森建議應該教導所有的孩子交替使用左右手,讓他們都能靈巧自如地運用雙手。在 1940 年代,紐約市西奈山醫院(Mount Sinai Hospital)兒童精神醫學主任——艾布拉姆·布勞(Abram Blau)[34],也認為父母的影響會導致孩子日後的用手習慣,但布勞受到西格蒙德·佛洛伊德(Sigmund Freud)心理動力觀點(psychodynamic perspective)的影響,抱持較為負面的看法。具體而言,布勞斷言,左撇子通常是兒童早期「情緒消極」的結果,而且無法根據任何生物學理論去說明人的用手習慣。

像這種嚴格的環境解釋會有一些明顯的缺陷。用手習慣屬於家族遺傳,而某些影響完全有可能是環境造成的。然而,慣用手遺傳是發生在血親家庭中,而與實際養育孩子的人其用手習慣和所處環境無關。在有關領養研究中,孩童的用手習慣與親生父母的關係比養父母的關係更為密切。[35、36] 我們也知道,過去五十個世紀以來,左撇子占總體人數的比例一直很穩定。[37] 假使環境本身就能決定用手習慣,而環境通常對左撇子不利(偶爾甚至非常不利),為何這種特徵能夠持續幾個世紀?此外,即使兩個人所處環境和體內基因幾乎相同(例如同卵雙胞胎一起長大),也未必會有相同的慣用手。[38、39] 最後,早在任何產後影響能夠決定孩子的用手習慣前，我們就已經看到證據，得知寶寶在子宮內就展現了用手偏好。[40]

有些人則從人體結構的角度切入，將慣用手歸因於某些明顯且確鑿的左右身體差異。畢竟，相較於其他明顯不對稱的人體部位，我們從大腦的整體解剖結構中看到的左右差異，就顯得小巫見大巫。也許眾所周知最明顯的例子是心臟偏向左邊。然而，即使人體的配對器官，譬如肺臟和腎臟，或者卵巢和睪丸等性器官，也表現出非常明顯和確實的結構不對稱性。[41] 人體的左右差異，是否會在群體層面讓人們偏好使用右手？

在這些主張當中，最著名的或許就是劍盾理論（sword-and-shield theory）。人們通常認為這個理論是由英國歷史學家兼散文家湯瑪斯・卡萊爾（Thomas Carlyle，1795～1881年）提出的，但是勞倫・哈里斯（Lauren Harris）[42] 卻認為醫學科學家菲利普・亨利・派伊-史密斯（Philip Henry Pye-Smith，1839～1914年）醫生更早提出這項論述。哈里斯如此引述派伊-史密斯的話：

> 如果我們有一百個善用雙手的祖先，在發展文

明時邁出一步發明了盾牌,便可假設有一半的人會右手持盾,左手戰鬥;另一半的人則左手持盾,右手戰鬥。從長遠的角度來看,後者肯定比前者更能避免遭受致命的傷害。因此,用右手戰鬥的民族將透過天擇(natural selection,自然淘汰)而逐漸繁衍壯大。[43]

對於維多利亞時代的科學家來說,查爾斯‧達爾文(Charles Darwin)當年新發表的進化論可能是最前衛的論述。因此,劍盾理論因其獨創性和簡單易懂而受到關注,它預測青銅時代(劍和盾首次出現)後群體層面慣用右手的習慣。然而,我們從洞穴壁畫[44]和史前工具[45]得知,早在第一把劍問世之前,慣用右手便已經是常態。此外,這項理論描述的早期參戰者通常是男性,因此可以從中推測,由於特定性別的選擇壓力,男性左撇子的比例會較低。然而,每四名女性左撇子,就有五名男性左撇子(亦即女男左撇子的比例為 4:5)。[46]這種性別比例差異雖小,卻非常穩定,恰好和劍盾理論所預測的情況相反。最後,還有一種極為罕見的情況,就是內臟易側(situs inversus),也就是包括心臟和其他器官的不對稱性是整個顛倒。[47,48]有這種逆位情況的人,並不比一般人更常表現出左撇子傾向。在 160 名罹患這種罕見特徵的人之中，只有 6.9％是左撇子。[49]

第五章會研究父母抱孩子的姿勢，屆時將更徹底探討另一個「心臟」理論。現在暫時擱置這些表述，父母抱嬰兒理論的核心主張是：父母傾向於將嬰兒抱在左側（朝向心臟），這種朝左抱的姿勢有助於用父母的心跳聲安撫孩子，也讓父母養育孩子時能夠騰出右手去做熟練、複雜的事。[50]支持這項理論的證據幾乎隨處可見，包括數百年前以「父母和孩子」為主題的畫作，或者幾分鐘前「父母和孩子」的 Instagram 貼文。全天下的父母顯然更喜歡把孩子抱在左邊。[51]除了解釋這種偏好，這項理論還正確預測有更多女性慣用右手的情況。在大多數的文化中，女性通常要承擔更多撫養孩子的責任，因此朝左邊抱孩子若會驅動慣用右手，選擇右撇子的壓力應該會更強。

然而，這項理論解釋用手習慣時，在幾個重點上存在缺陷。或許最明顯的缺陷是，它側重父母的用手習慣，而非關注孩子偏好使用哪隻手。當人類達到撫養孩子、甚至抱孩子的年齡時，慣用手早已牢牢確立。此外，朝左抱孩子應該會對孩子（而非父母）慣用手的發展影響更大。孩子被抱在左邊時，右手是被「固定」在父母的身體旁邊，此時左手相對自由，可以隨意伸展和抓握。如果這種抱嬰幼兒的偏好會影響慣用手，它應該會鼓勵孩子使用左手。儘管存在這些缺陷，第五章會告訴各位，這種側偏好在性別、時間、地理位置，甚至物種上都是一致的。

其他探討慣用手的發展理論則更具爭議性，有些甚至讓人惴惴不安。根據最極端的說法，人會成為左撇子，就是發育過程出了問題，例如分娩時腦部受損。將左撇子視為一種「症候群」（syndrome）[52]的說法，引起了很多關注。在1980年代末期，神經學家諾曼·賈許溫德（Norman Geschwind）和阿爾伯特·加拉布達（Albert Galaburda）提出了一個引人注目的解釋。[53]他們將自己的理論描述為「三元論」（triadic）[54]，但後人通常稱其為產前睪固酮理論（prenatal-testosterone theory）是很有道理的。他們聲稱，產前睪固酮濃度太高，導致人偏離大腦的「正常主導模式」（normal dominance pattern）。這項理論之所以吸引人，原因有幾個。一是賈許溫德本人提出這項說法時，十分讓人折服且具吸引力。二是他們提出的機制簡潔易懂。三是這項理論似乎解釋了許多以前與慣用手無關且難以解釋的相關性。

在這些相關性中，最明顯的或許是慣用手的性別差異。左撇子在男性中更為常見，使得睪固酮濃度太高的說法很符合直覺。這項理論也和男性自體免疫和語言障礙有較高的患病率、兩性不同的成熟率，以及左撇子與過敏、自體免疫疾病、腦性麻痺、克隆氏症（Crohn's disease）、閱讀障礙、溼疹、雷特氏症（Rett syndrome）、思覺失調症和甲狀腺疾病之間的關聯性一致。[55] 產前睪固酮濃度太高有助於解釋這些相關性，因為睪固酮會影響許多組織的生長，也會抑制胸腺（thymus gland）等免疫結構的生長。睪固酮還可能影響多種大腦結構的發育，包括下視丘和邊緣系統（limbic system）中的特定神經核群。

這項簡單的理論雖很吸引人，而且能解釋先前某些令人費解的慣用手和幾種疾病之間的關係，但產前睪固酮濃度太高會導致左撇子的這個立場，所帶來的問題卻多於給出的答案。為何睪固酮只會減緩左腦生長、而非抑制右腦發展？如果我們在嬰兒出生前測量羊水中的睪固酮濃度，然後在 10～15 年後追蹤同一個人評估其用手習慣，為什麼較高的睪固酮濃度與較高的右撇子比率有關[56]，卻與左撇子無關？此外，左撇子和疾病之間的某些關聯很難在研究中加以重複驗證。

「慣用左手本身就是病態」的說法並非新鮮事。這類看法備受爭議，布勞的情緒消極就是其中一種類似理論。有人在布勞之後聲稱，左撇子通常是在出生時大腦承受了壓力才會如此。[57] 一種比較溫和的說法指出，左撇子**偶爾**是疾病造成的結果[58]，或者慣用左手至少是罹患其他疾病的標誌。佐證這一點的證據是，左撇子不僅與先前討論過的疾病有許多關聯，還會牽扯到其他疾病，譬如潰瘍性結腸炎（ulcerative colitis）、口吃、骨骼畸形、精神病、創傷後壓力疾患（post-traumatic stress disorder）、重症肌無力（myasthenia gravis）、偏頭痛、癲癇、耳聾和冠狀動脈疾病。[59] 也許支持這項理論的最佳證據是──左撇子與阿普伽分數（Apgar score）較低的出生壓力報告有所關聯。[60]（阿普伽分數是一種滿分 10 分的評分系統，旨在評估新生兒的健康和幸福感，其考慮的因素包含呼吸、心率、肌肉張力、反射和膚色。）左撇子也與早產[61]和出生體重偏低有關。[62] 這些特徵在雙胞胎中更為常見，而且我們已經知道，左撇子在雙胞胎中更為普遍。其實，一旦控制了孿生效應，其中某些與左撇子的關聯就會消失。[63]

左撇子是由出生壓力或其他疾病所引起的這項說法，還有其他問題。儘管健康照護技術有了重大進展，特別是分娩過程已降低了風險，但左撇子的普遍程度並未下降。如果說有任何的改變，就是左撇子愈來愈多。這項理論還預測，在醫療保健不那麼完善的國家，左撇子的比例會更高，但也沒有證據足以佐證這種趨勢。最後，在某些身體孱弱的群體中，左撇子的人數確實可能更多，但左撇子在「天才」群體中的占比也偏高。這些天賦異稟的人包括：智商超高者、音樂家、建築師、律師、專業人士的子女、視覺藝術的學生和智力早熟的人。[64] 甚至有一些證據指出，在教育程度相似的情況下，左撇子男性的收入會高於右撇子男性。[65]

「消失的雙胞胎」（vanishing-twins）理論讓人不安且令人難忘。如果不講述這項理論，討論左撇子的潛在原因就會不完整。有些人稱之為「臥底雙胞胎」（undercover-twins）理論，這樣說比較不讓人不安，但基本的細節是相同的。我們已經確認，用手習慣屬於家族遺傳,而雙胞胎在家庭中也很普遍,而且左撇子在雙胞胎中更常見。但還有更多。相對少數(15～22％)的同卵雙胞胎,會表現出各種身體特徵的「鏡像」,例如頭髮旋渦、指紋或胎記。案例報告通常關注身體異常的鏡像,尤其是牙齒異常的問題。然而,甚至有一些非常罕見的完全鏡像的案例報告,雙胞胎的其中一個表現出內臟易側。[66] 既然各位是在讀討論慣用手的章節,因此同卵雙胞胎的鏡像適用於慣用手便不足為奇了。在這些情況下,雙胞胎的其中一個發展為右撇子,另一個則成為左撇子。

我們知道,左撇子在雙胞胎中更為常見,有些雙胞胎會出現鏡像,包括慣用手,但這個「消失現象」是怎麼回事?嗯,當孕婦接受超音波檢查時,發現自己懷有多個胎兒,但其中一個(或多個)胎兒可能無法存活。薩爾瓦托‧萊維(Salvator Levi)早在 1976 年便指出,在最初的超音波檢查觀察到的多胎懷孕中,71％會消失,這個比例讓人震驚,孕婦最終只會生下一個嬰兒。[67] 此後,仍有其他報告指出,消失率介於 43～78％。[68] 多數人可能對此感到震驚,但對某些生殖科學家來說並不特別驚訝。根據博克拉格(C.E. Boklage)的說法,「雙胞胎會喪失其一個,單純只是人類生殖中非常不完善的生物狀態。多數人的受孕在出生前就失敗了。對於雙胞胎來說，這沒有什麼不同，也沒有什麼神祕可言。」[69] 然而，此處有個神祕的地方：「消失的雙胞胎」理論指出，左撇子通常有一個消失的雙胞胎，想必大概有10％的右撇子憑空消失。聽到這點，真讓人不安。也許我們之中的許多人不僅是左撇子，還是消失雙胞胎的倖存者。

話雖如此，「消失的雙胞胎」理論不太可能解釋所有（甚至許多）左撇子案例。即使這項理論提出的機制是準確的，但計算結果卻不合理。假設左撇子胎兒與右撇子胎兒一樣有生存能力，而且既然對於每一個存活的左撇子胎兒來說，會有一個消失的右撇子胎兒；對每一個存活的右撇子胎兒，應該也會有一個消失的左撇子胎兒。大約10％的北美人口是左撇子。因此，即使每對同卵雙胞胎都表現出鏡像現象，20％的孕婦（左撇子10％，右撇子10％）需要在某個時間點懷有多個胎兒，才足以解釋目前左撇子占比的情況。然而，多胎懷孕的發生率僅為3％左右。此外，在足月存活的雙胞胎中，只有15％表現出鏡像現象。由此推算，多胎懷孕的發生率必須大於100％，才能生出所有左撇子。

為了找出左撇子是如何與何時出生，就得考量每年的時節。某些研究發現，左撇子在特定季節的出生率會上升，這點讓人驚訝。在一項針對將近四萬人的研究中[70]，左撇子在3～7月之間出生的機率比較高，但這僅限於北半球，而且僅限於男性。這種效應在南半球則是相反。其他的大型研究未能發現相同效應。[71、72] 還有別的調查指出，男性左撇子往往出生於秋季或冬季[73]，這與另一項研究的結果基本一致，該研究表明，在11～1月出生的孩子中，左撇子更為常見。[74] 然而，有人檢視過英國生物樣本庫（UK Biobank）中的50萬人，並未從資料集中的男性發現這種效應，但確實發現夏季出生的女性中，左撇子的比率略有上升。[75] 總體而言，這些結果令人困惑，也指出需要非常龐大的樣本，才能檢測出某些非常小的效應（假設它們確實存在的話）。季節效應可能僅限於特定地區（也許是換季時氣候差異較大的地區），特別是那些夏季較為溫暖的區域。[76]

　　對於慣用左手的讀者來說，接下來關於製成品（尤其是工具、器具）的側效應應該不會讓他們感到驚訝。眾所周知，左撇子生活在右撇子主導的世界裡，而我們90％：10％（右撇子比左撇子）的群體層面側效應，就會轉化為更強烈的製成品側偏好。剪刀就是個明顯例子，不難找到左撇子專用剪刀（至少可用來剪紙或布料）；但很難找到左撇子專用於剪皮革和金屬、修剪植物，甚至剪頭髮的專業剪刀。絕大多數的廚房用具都是為右撇子設計，包括開罐器和開瓶器、湯勺、削皮器和量杯。左撇子可以使用這些供右撇子使用的器具，但用起來不順手，甚至可能受到輕傷。更糟糕的是，工業工具更有可能是專為右撇子設計的，若嘗試用左手操作供右撇子使用的鑽床、帶鋸、桌鋸或接合器（jointer）可能會非常危險。有報導指稱左撇子比右撇子更容易發生事故，這點毫不奇怪，通常被認為是左撇子操作供右撇子使用的工具才會發生這類慘事。[77]

重點 Takeaways

目前的群體層面是偏好使用右手，這並非什麼新鮮事。無論何時何地，慣用右手顯然屬於常態。右撇子的普遍程度肯定存在差異，但沒有證據表明曾經在某個時間或地點，左撇子的人數超過了右撇子的數量。同樣明顯的是，慣用手屬於家族遺傳，但光用遺傳解釋這種側偏好無法納入每個左撇子的情況。某些發育和環境機制會導致用手習慣，這可能有助於解釋為何某些群體會出現許多左撇子。根據目前情況，在年輕人之中，左撇子的比例較高，而在老年人之中，左撇子的占比較低，於是很容易驟下結論說左撇子不如右撇子活得久。然而，社會壓力等因素至少是造成這種差異的部分原因。後續章節會指出，其他的側效應都受到慣用手影響，不過若說某個側效應是單獨因用手偏好所引起的，則不太可能。

第 2 章

腳、眼、耳、鼻：
從「右」開始，就對了

腳的表情和手的表情一樣多。
—— 法國作家尼可拉・尚福
（Nicolas Chamfort）

側偏好是無稽之談。有人認為，人們做事時通常會更喜歡使用身體的某一側（亦即偏愛左手、左腳、左眼、左耳等），但這種想法顯然是錯的。沒錯，某些人的全身側偏好非常一致，但這種人很罕見。在某些情況下，這種極端和一致的側偏好，其實是先天發育或後天疾患導致的結果，暗示身體出現了問題。側偏好有點「混合」，反而更為正常。上一章指出，大約90％的人是右撇子。除了慣用手，幾乎所有事情的側偏好都比較弱。用腳偏好（慣用腳）是右腳，占四分之三或五分之四。使用耳朵和眼睛的偏好大約是右耳或右眼，占比三分之二。因此，只要稍微具備數學基礎，也能立即知道許多人的偏好是混合的。如果90％的人是右撇子，80％的人偏好使用右腳，66％的人常用右眼，這就表示頂多三分之二的人，在這三件事上偏好一致且習慣使用右側器官。對某件事呈現右側偏好，並不能確定對其他事也會展現右側偏好，但是側偏好可能會透露蛛絲馬跡，讓人知道大腦功能在某些方面的失衡，譬如哪一側在語言方面占有主導地位。

　　正如上一章所示，慣用手受到諸多因素影響，而生物學只是其中之一。儘管有大量證據表明用手習慣受到基因的影響,而且慣用手的發展在出生之前就開始了,但包括文化在內的環境,也可能對用手習慣具有深遠和永久的影響。文化習俗甚至可以決定使用哪一隻手,進行「乾淨」或「骯髒」的活動。然而,我們很難找出文化對其他側偏好的影響。如果我們翻閱宗教典籍,想找出在特定情況下使用哪隻眼睛、耳朵或鼻孔的引導文字,便會發現這類資訊確實很少。而左撇子被迫改為右手寫字或吃飯的例子,比比皆是,但針對腳、眼睛和耳朵的類似案例,卻極為罕見。由於使用這些器官的不對稱性欠缺干擾因素,我們是否可以從文化上更為「純粹」且不摻雜外力的角度,去略窺個體的天生側偏好?

慣用腳

偏好使用左腳或右腳的現象可能相當明顯,但也許不如慣用手那般強烈。然而,這樣比較並不是特別公平。我們平常用腳碰觸物體的頻率有多少?我們可能不會經常用腳去撿東西,或者用大腳趾在沙子上寫自己的名字。唯有駕車或踢足球時才真正需要用「腳去做事情」。有所謂的美式足球（American football），儘管名稱如此，但所有動作幾乎都是用手完成的。我們每天用手拿東西或移動物品的次數很多，但用腳的次數就比較少，所以我們比較晚才想到慣用腳，這也就不足為奇了。

然而，大約80％的人更喜歡使用右腳。[1]有很多方法可以證明這一點。我讀研究所時設計了一份簡短的問卷來評估慣用腳（請參閱下圖5）。問卷詢問兩種慣用腳的問題。第一類是關於如何用腳操縱物體（踢球、撿起彈珠、撫平海灘的沙子），第二類則側重於如何用腳保持姿勢或支撐身體。

圖5：慣用腳評估問卷

說明：請圈選適當答案，表示你做以下活動時偏好使用哪隻腳。如果你總是（亦即95％或更常）用一隻腳完成描述的活動，請圈選 **Ra**（永遠慣用右腳），或 **La**（永遠慣用左腳）。如果你通常（約75％的時間）使用某一隻腳，請根據情況圈選 **Ru**（通常慣用右腳）或 **Lu**（通常慣用左腳）。如果你使用左右腳的頻率相同（用每隻腳時間約為50％），請圈選 **Eq**（平均）。請不要隨意圈選所有問題的答案，要想像自己依序做每種活動，然後選出適當的答案。

1.	你會用哪一隻腳將靜止的球踢向正前方的目標?	La Lu Eq Ru Ra
2.	如果必須用一隻腳站立,你會選擇哪一隻腳?	La Lu Eq Ru Ra
3.	你會用哪一隻腳來撫平海灘的沙子呢?	La Lu Eq Ru Ra
4.	如果必須站上椅子,你會先用哪一隻腳踩在椅子上?	La Lu Eq Ru Ra
5.	你會用哪一隻腳去踩快速移動的蟲子?	La Lu Eq Ru Ra
6.	如果要用一隻腳在鐵軌上保持平衡,你會用哪一隻腳?	La Lu Eq Ru Ra
7.	如果想用腳趾撿起一顆彈珠,你會用哪一隻腳?	La Lu Eq Ru Ra
8.	如果必須單腳跳,你會選擇用哪一隻腳?	La Lu Eq Ru Ra
9.	你會選擇用哪一隻腳把鏟子推入土裡面?	La Lu Eq Ru Ra

10. 多數人放鬆站立時，會將一條腿完全伸直來支撐身體，另一條腿則會稍微彎曲。你會完全伸直哪條腿？　　La Lu Eq Ru Ra

11. 是否有任何原因（好比受傷）讓你改用另一隻腳去做上述任何的活動？　　是　　否

12. 你是否受過特殊訓練或鼓勵而慣用某隻腳去做某些活動？　　是　　否

13. 如果你對問題 11 或 12 的回答為「是」，請加以解釋：

　　球隊（棒球、板球等）會定期收集選手的慣用手資料，我們研究這些資料，便可掌握許多有關慣用手的知識。許多關於慣用腳的研究都來自體育界，尤其是足球界。足球員從小就接受訓練，會盡量平衡發展雙腳，因此足球數據

將複雜得多。[2] 其實,足球員若是過於偏好使用某隻腳,通常會被認為是教練指導不善。

多數研究估計,80％的人偏好使用右腳。[3~7] 年紀較小的人會有較高的左腳偏好率,而60歲以上的人則顯示非常高的右腳偏好率,這點類似於慣用手的數據。由於用腳偏好不會受到和慣用手相同的文化壓力,因此可能是衡量運動偏側性時更為「純粹」的指標。包括我所做的某些研究指出,慣用腳比慣用手更能預測大腦偏側化。[8,9] 換句話說,與其根據慣用手預測,不如根據某人慣用右腳或左腳去推測,如此更能輕鬆預測哪一側的大腦主導語言處理。這項發現不僅讓人吃驚,也違反直覺。畢竟,我們一直都在用雙手進行交流,無論用手寫字或者講話時使用手勢(若想知道更多關於慣用手勢的訊息,請參閱第九章)。

慣用眼

多數人都很幸運,擁有一雙正常的眼睛。除非我們裝扮成海盜參加萬聖節化妝舞會,會蒙著一隻眼睛作樂,否則我們通常會同時看到兩種非常相似但截然不同的世界。兩眼瞳孔的距離很小（5～7公釐），每隻眼睛傳遞的三維世界的視角略有不同。視覺系統非常聰明，會利用視角差異所呈現的兩張圖像幫助我們感知深度。這兩張圖像的差異統稱為**雙眼視差**（binocular disparity），可為大腦提供感知深度的線索，差異愈大，物體愈近（請參閱下圖6）。

圖6：雙眼是分離的，每隻眼睛處理的圖像略有不同。這種效果在弗朗西斯科斯‧阿吉隆（Franciscus Aguilon）獻給彼得‧保羅‧魯本斯（Peter Paul Rubens）的這幅插畫《視覺》（*Opticorum*，1613年）中得到了例證。

我們通常是透過雙眼觀察世界，但偶爾某隻眼睛顯然會主導視覺。如果我們用望遠鏡眺望遠方、透過鑰匙孔窺視外界、以單眼顯微鏡檢查標本，或者用步槍瞄準器瞄準目標，我們會傾向於使用主視眼。對於三分之二的人來說，主視眼就是右眼。我們已知將近90％的人是右撇子，因此可以清楚看出：慣用手和慣用眼並不一致。當然，多數右撇子偏好使用右眼，但大多數的左撇子也習慣以右眼觀看。

從1593年義大利博學家吉安巴蒂斯塔‧德拉‧波爾塔（Giambattista della Porta）開始，科學家對單眼優勢的研究至少已有400年之久[10]，但成果甚少，和慣用手研究相比，更是如此。目前測量主視眼的方法高達25種，比如詢問人們用哪隻眼睛看望遠鏡，或者請人只用單眼觀察藉此揭露他們的慣用眼。在我的實驗室裡，我會請受測者雙手合十，像祈禱一樣，在雙手之間留一個小孔，然後請他們透過小孔看我的鼻子。接著我會記錄從孔洞中出現哪隻眼睛（請參閱下頁圖7）。

在包含其他慣用眼研究（共54,087名受測者）的一項大型統合分析中[11]，慣用右眼的比率恰好占總人口的三

圖7：可以請某個人雙手合十，擺出祈禱的手勢，然後請那人透過雙手之間的小孔觀察你的鼻子，就能評估他習慣使用哪隻眼睛。由於你請這個人同時使用雙手，就不會讓他舉起慣用手而使用同一側的眼睛。

分之二。我們用問卷而非評量指標來檢測時，慣用眼和慣用手會更加一致，但這可能是採用問卷而「汙染」了結果。有些人只是看到每個問題時，選擇相同類型的答案。（請參閱第48頁圖5的評估問卷，有些人只會給所有題目選擇「永遠慣用右腳」或「通常慣用右腳」，而不會用心考慮每個問題提出的場景。）

上述大規模分析揭示了某些慣用眼的不尋常之處。它證實慣用眼和慣用手關聯不大，但他們沒有發現最有趣的一點，也就是性別差異。對於幾乎所有的側偏好行為，男性都比女性更為顯著或更為常見。例如，男人和女人相比，左撇子的比例更高。話雖如此，即使有將近 55,000 人的龐大樣本，男性和女性在慣用眼方面卻沒有差異。這真是奇怪。

慣用眼和慣用手一樣，似乎也會在家族中遺傳。假使偏好使用左眼的父母人數增加，孩子慣用左眼的頻率也會不斷增加，但這種遺傳模式並未遵循任何顯性的孟德爾模型（Mendelian model）[12]，而慣用眼似乎也不像慣用手那樣具有遺傳性。

慣用耳

慣用耳和慣用眼有許多共同點。大多數人都有兩隻功能正常的耳朵，因此大腦可以利用聲響差異、甚至利用聲音到達的時間差，感知聲源位置。當然，我們偶爾會用一隻耳朵聆聽，例如當我們將一隻耳朵貼在門上偷聽別人講話，或者將電話舉到一隻耳朵上時。與慣用眼的情況一樣，三分之二的人偏好使用右耳，而慣用耳和慣用手之間沒有簡單的關聯性。[13、14] 多數右撇子偏好使用右耳，但多數左撇子也慣用右耳。

慣用鼻孔（鼻子也有慣用邊？）

不難想像慣用手或慣用腳會如何影響我們的行為。畢竟簽名或踢球時只需要一側的肢體。表達單側肢體（無論右肢或左肢）也很容易。運動員和音樂家甚至可以同時運用身體的兩側，做動作時展現非凡的獨立性，雙手雙足並用。討論主視眼或慣用耳有點困難，不僅因為我們此時需要關注感覺而非動作，也因為我們通常會用雙眼看以及用雙耳聽。若要真正深入探討主視眼或慣用耳，需要援引某些特殊情況，例如用一隻眼睛去看單眼顯微鏡，或者將手機貼在一隻耳朵上接聽電話。鼻子是另一個成對的感覺器官。人通常有兩個鼻孔。當然，所有奇妙甚至不那麼好聞的氣味，通常會在大致相同的時間，以相同的強度滲入兩個鼻孔中。

然而，每個鼻孔都有自己通往大腦的感覺通道[15]，並且與眼睛或耳朵的投射完全不同，鼻子的主要投射方向是同側的（ipsilateral）；它們主要回饋給和鼻孔同側的大腦半球。對左鼻孔的刺激主要影響左腦，對右鼻孔的刺激則影響右腦。[16] 這也很奇怪。手、腳、眼睛和身體多數部位的感覺投射，都是在與原始刺激源相反的大腦一側進行處理，鼻子則不然。人的兩個鼻孔是否具有不同的能力／敏感性？而且我們會偏好其中一個鼻孔，如同對其他的感官那樣嗎？

我們可以透過幾種方法來研究鼻子的左右感官差異。首先，我們可以檢視左右鼻孔偵測特定氣味的敏感度。我們一直在做這種事情。例如，我們走進廚房時，會想知道自己是否聞到爐子洩漏的煤氣味，或者我們會聞一聞飲料，看看裡頭是否含有酒精。這種敏感度是為了檢測特定的氣味，想知道到底有沒有氣味存在？我們檢查嗅覺行為的第二種方法是，觀察我們區分不同氣味的能力。我們比較香水、古龍水或選擇鮮花花束時會這樣做。檢查嗅覺行為的第三種方法非常不一樣，是考慮氣流的變化以及由此導致的感覺和思維變化。多數人對於前兩種情況都有很多經驗，但第三種情況就比較罕見。

讓我們先研究第一種方法──檢查左鼻孔或右鼻孔的敏感度。目前僅有少數的研究，而且得出的結果不甚明確。有趣的是，調香師經常會發現自己的某個鼻孔比較靈敏。[17]某項研究觀察了 19 名男性（普通人，非調香師）的兩個鼻孔，對正丁醇（n-butanol，一種刺鼻的酒精）嗅覺敏感度的差異。該研究發現，慣用右手的人，右鼻孔比較靈敏，而左撇子的左鼻孔也比較靈敏。[18]然而，根據其他研究，左撇子的右鼻孔卻更為靈敏[19]，還有別的研究未能發現慣用手和左右鼻孔敏感度之間的任何關聯。[20]然而，對於氣味辨別（區分兩種氣味）卻出現迥異的模式。羅伯特・扎托雷（Robert J. Zatorre）和瑪麗蓮・瓊斯-戈特曼（Marilyn Jones-Gotman）[21]發現，無論右撇子或左撇子都更擅於用右鼻孔去辨別氣味。但湯馬斯・胡梅爾（Thomas Hummel）及其同事[22]卻指出，慣用右手的人更善於用右鼻孔辨別氣味，而左撇子的左鼻孔則更能有效分辨氣味。

讓事情更加複雜的是，兩個鼻孔通常會自動交替充血與緩解充血。在正常情況下（也就是沒有感冒時），左鼻孔膨脹，右鼻孔就會收縮；反之亦然。這種現象在一百多年前首次被人發現並記錄下來。[23] 我們現在使用鼻週期（nasal cycle）一詞，來指一個鼻孔腫脹而另一個鼻孔收縮的情況。[24] 有 70～80％的人經歷過這種規律的週期，其實可以使用熱線風速計（hot wire anemometer）來測量每個鼻孔的相對氣流。艾倫・塞爾曼（Alan Searleman）及其同事[25] 做了這種實驗後發現，當人們被問到哪個鼻孔排出更多氣時，他們經常會猜錯。然而，他們測量到左撇子的左鼻孔氣流更多，而右撇子的右鼻孔氣流也更多。

由於這種週期模式，在鼻週期的這一部分中，獲得更多空氣的腦半球可能會更加活躍。幾項研究發現，語言或空間處理能力有所增強，取決於左腦（語言）或右腦（空間）在鼻週期部分是否獲得更多的氣流。[26、27]

我本人做過最奇怪的研究之一，是探討強制人用單一鼻孔呼吸時對其認知表現的影響。[28] 我們先讓受測者對著鏡子呼吸，確定他們的「主導」鼻孔。產生更大「霧氣」的一側是主導鼻孔，會呼出更多氣流。接著，我們讓受測者在聆聽時用主導鼻孔或非主導鼻孔呼吸。這些受測者必須聆聽別人用快樂、悲傷、憤怒或中性語調，說出押韻詞 bower、dower、power 或 tower，然後辨認出對方情緒。右鼻孔占主導地位並被迫用主導（右）鼻吸氣的受測者，在檢測情緒目標方面具有強大的右腦（左耳）優勢。因此，單側呼吸似乎更能激活右腦去執行任務。因此，當你下回打算做一些會對右腦造成負擔的事情時（像是記住穿過玉米田迷宮的方式或創作音樂），不妨先用右鼻孔用力呼吸。

以上是稍微應用呼吸的方法，除此之外，練瑜伽的人通常會交替用鼻孔呼吸，大約在 5,000 年前便有人率先講述這種呼吸技巧。練瑜伽可以明顯增強記憶，甚至有一些證據表明，交替用鼻孔呼吸可以增強非語言方面的記憶，例如可讓人更容易想起數字或空間位置。[29]

重點 Takeaways

我們強烈的側偏好並不限於雙手。人的腳、眼睛、耳朵，甚至鼻孔，也會表現出強烈而穩定的側偏好。此外，這些偏好往往不會在不同器官之間「匹配」。**10%**的人習慣使用左手，但 30％的人偏好使用左眼，而多數習慣使用左眼的人都是右撇子。在極少數情況下，有的人整個身軀會展現非常一致且強烈的側偏好，這可能暗示那人有發育（天生）或後天障礙。儘管側偏好通常缺乏一致性，但是腳、眼睛、耳朵和鼻孔的偏好，可以改變人的感知和行動，在某些情況下（例如單側鼻孔呼吸），我們甚至可以利用這些側偏好讓自己更能施展能力。

第 3 章

語言暗示：
左側遭到歧視了

右手獲得榮譽、受人奉承、享有特權：它可以行動、指揮和索取。
左手卻遭到輕視，淪為卑微的輔助肢體：它什麼也做不了，只能從旁協助、給予支持，以及助人抓握。
——法國社會學家羅伯特・赫爾茲（Robert Hertz）[1]

我們聽過多少次「不，是另一隻左手」（No, your other left）這句話？即使在最清醒的情況下，保持左右方向正確也可能很棘手。如果我們會混淆左右，寫一本這樣的書簡直就是誤踩雷區。我寫完每個主題，會花很多心思再三檢查左和右的問題，但我真的很擔心在某個關鍵段落不小心出錯，讓細心的讀者一頭霧水。但我有點操之過急了。我們很快就會討論與左右有關的正面和負面偏見。

我教人如何分清楚左右時，經常採用以下技巧：叫人舉起雙手，伸出每隻手的拇指和食指，其他手指則收起來。只有一隻手能擺出正確的 L 形，那就是左手；右手會做出一個反向的 L 形。然而，有些人對字母有「鏡像反轉」的問題，叫他們這樣做幫不了忙。更持久的解決方法是像下頁圖 8 一樣，紋一對字母表示左右。

尤其在醫界犯下左右混淆的錯誤，會造成嚴重後果。著名電視劇《怪醫豪斯》（House, M.D.）中有一個案例，有些患者甚至會在手術前於健康的身體部位上寫字，以確保醫生對正確的肢體開刀。我兒子的腳最近做了第三次手術，嚴謹的外科醫生在麻醉前諮詢時會在右腳要動刀的位置上簽名，只為了確保萬無一失。

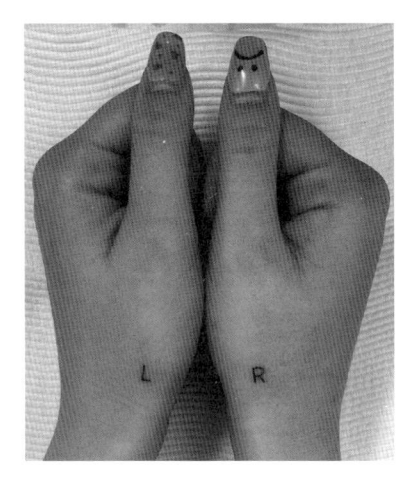

圖 8：澳洲紋身藝術家勞倫‧溫澤（Lauren Winzer）應客戶要求，替對方紋了分辨左右的英文字眼，這種做法真是一勞永逸。

在我們看到的所有不對稱之中，左右差異往往沒有上下或前後差異那麼顯著。第七章指出，我們對光源的假設會包括來自上方的光（很強的假設），以及從左側發出的光（較弱的假設）。正如阿姆斯特丹自由大學（Vrije University）語言使用和認知教授艾倫‧秦其（Alan Cienki）所言，「就人體和我們日常意識功能的角度而言，左右空間軸的極化（polarized）程度非常弱，它所開啟的作用遠不如上下軸和前後軸。」[2、3] 也許這就是為何我們小時候很容易就學會分辨上下（2歲時）和前後（4歲時），但許多人即便成年之後都很難區分左右。[4]

如果你分不清楚左右，請別擔心，其他人也有這種困擾。在神經系統很正常（典型）的人群中，大約五分之一經常會混淆左右，而女性出現這種情況的可能性是男性的兩倍以上。我說的不是記不住去食品雜貨店的正確路線是左拐或右轉，或者記不住右邊或左邊開關是打開廚房的燈或是開啟垃圾處理機——這類左右搞混，對每個人來說都很正常，對吧？我說的是未能正確辨識左和右。

許多人非常聰明，但很難分辨左和右。讓人感到可怕的是，在針對這種現象所進行的最普遍研究中，其中一項就是對醫學院學生進行的測試。研究人員發現，超過15%的學生分不清楚左右。希望這些15%的人不會專攻外科。歷來最著名的醫療疏失是「手術開錯側」，也就是醫生切錯了器官或者治療錯的肢體。在某個案例中，兩名醫生同時犯錯，切除了唯一還能運作的（左）腎，而非受損的右腎。犯下這種天大錯誤，簡直是要患者的命。[5]

在將近有500人的樣本中，15%的受測者在接受下頁圖9的測試時，無法順利識別指定的手是左手或右手，幾乎一半的受測者採用手動（模擬圖中場景）的方法解決難題。[6]看起來可能很搞笑。然而，混淆左右可不是鬧著玩

　　　　左手　　　　　右手　　　　　　右手

圖 9：左右方向的測試，受測者需要辨識塗黑的手是左手或右手。這項測試是以索尼婭・奧福特（Sonja Ofte）和肯尼斯・休達爾（Kenneth Hughdahl）的一項研究為模型（請參閱第三章，資料來源 5）。

的。分不清左右會導航錯誤、騎摩托車出事、手術開錯邊，以及寫錯標誌和廣告內容，甚至會導致書本出現錯別字。

　　現在讓我們把問題進一步複雜化。我們討論左右混淆時，將同樣簡單而一致的字詞套用於左右兩邊的所有事物。然而，英語和其他語言還有很多描述左和右的描述詞（descriptor），其中許多都是有價值的。我們也會發現，這些描述詞並不平等。表示左的詞語不僅相當消極，甚至帶有貶義，而且這類負面詞彙數量遠多於我們形容右所使用的正面詞語。

許多單字的效價（valence）不同，左和右也不例外。有些詞比較中性，例如街道（street）或湯匙（spoon），但呸（yuck）或哇（wow）之類的感嘆詞能明確表達情緒，而有些詞則隱含更微妙的情緒，例如蜘蛛（spider）或聚會（party）。[7]有些人聲稱，左和右屬於中性詞，但我希望各位讀到本章末尾時會相信，在不同的語言和文化中，表示「左」的詞語其隱含的效價通常非常負面，而表示「右」的字詞其隱含的效價通常是正面的。

甚至右移或左移的含義也傳遞這種偏見。紐西蘭的毛利人認為，右側代表生命和力量，而左側則表示死亡和虛弱。某些北美原住民用右手代表「我」，而左手則是指「別人」。舉起右手表示「勇敢、力量、精力；然而，如果把右手轉向左邊並置於左手下方，根據上下文，就表示死亡、毀滅和埋葬」。[8]在許多宗教中，必須先用右腳踏進快樂之地，也必須用右手供奉物品。罪人被逐出教堂時，必須從左邊的門離開。在舉行葬禮和驅魔時，儀式是按照與正常情況相反的方向進行（亦即向左，而非向右）。

在世界各地的宗教儀式中，左手通常受到鄙視，甚至羞辱。當人用左手施展某種力量時，「左手的力量總是有些神祕和非法；它會讓人恐懼和排斥。」[9]

在奈及利亞南方的某些部落中，禁止婦女使用左手煮飯。或多或少顯然是為了避免受人指責在準備食物時使用巫術甚至投毒，因為法國社會學家羅伯特・赫爾茲（1881～1915年）指出，當地人認為這兩件事都是用左手進行。[10] 在阿拉伯文化中，左右分界也牽扯了衛生。右手用來吃飯、喝水和備餐，左手則用於清潔自身。[11、12]

左右的宗教象徵同樣體現於意象上。在西方藝術中，夏娃接受了魔鬼遞給她的蘋果，最終被逐出天堂，而她是用左手接過那顆蘋果。瑪雅統治者被描繪成右手執物，下屬則是左手拿東西。而敗北的敵人甚至可能被描繪成左撇子的形象。

在類似〈信經〉（Credo）的基督教文本中，耶穌是坐在上帝的右邊。在佛教中，獲得智慧有兩條路：右道是供遵循社會習俗和道德規範的人使用；左道則是主張打破禁忌和放棄道德的人使用。[13]

我們用來描述左和右的字眼同樣對左邊帶有偏見。在印歐語系甚至非印歐語系中，許多左右區別都是基於相反詞之間的劃分，例如：直／彎、強／弱、乾淨／骯髒、男／女、高／低、年長／年輕、領導者／追隨者，或者光明／黑暗。[14]

這種二分法衍生出一長串貶損「左邊」的詞語。例如，左邊的古英語為lyft，它最初的意思是「跛腳」或「虛弱」。在蓋爾語（Gaelic，譯按：蘇格蘭人的傳統語言）中，cli（左）具有「不方便」、「不實用」的負面意義。在非洲班圖語系（Bantu）中，某些表示左側的字眼與「被遺忘的、乾枯的」、甚至「彎曲的、有角的」事物有關。

圖10：右手握著一條魚的瑪雅統治者（鑽石王子，Prince of Diamonds）雕像。

某些帶有性別色彩的詞語起源也相當有趣。在剛果語（Bakongo）中，右手是 kooko kwalubakala，意思為「男人的手」；左手則是 kooko kwalukento，表示「女人的手」。在新幾內亞（New Guinea），右邊是 sidik tam，意思是「好的」或「適當的」；而左側是 kwanim tam，源自於動詞 kwanib，意思為「滾動」。新幾內亞婦女經常做的家務事便是滾動纖維製作袋子。她們通常會用左手抵住左大腿滾動纖維，再用右手加入新的纖維。[15]

有些語言根據東南西北創造表示左和右的詞語。在梵文中，dakhsina 表示「右」和「南」。在阿拉伯語中，shamaal 則是「北」和「左」。在聖經希伯來文和古典阿拉伯語中，「南」和「右」都用 yamiin 表示。[16]

我們表示右側的詞語明顯偏向正確、真實和積極。在俄語中，右側的詞語對應「正直」或「正確」。這些也泛指社會規範，所以被認為是正面的。醫學人類學家沃爾夫・席芬霍維爾（Wulf Schiefenhovel）[17]分析了 50 種語言中表示左和右的辭彙後，確認了左和右詞語的原本含義。右的來源意義是正面術語，譬如：直、強、乾淨、更高、領導者和光明，而左的來源意義則是彎、弱、骯髒、追隨者和黑暗。

世界各地語言中會有這些「字面上的」左右偏見，而我們的表達方式還存在著更多隱喻式偏見。英文 left-handed opinion（左手觀點）是軟弱或錯誤的看法。情婦則被稱為 left-handed wife。惡夢則是 left-handed。left-handed compliment 是一種侮辱。在荷蘭語中，如果你忽略了某事或某人，會說 iemand/iets links laten liggen，意思是「讓它躺在左邊」。

我們也經常用負面詞語描述左撇子，例如：bongo（吉普賽語，意思是「彎曲的」或「邪惡的」）、cack-handed（英式英語，意思是「排泄物的手」）、canhoto（葡萄牙語，意為「軟弱」、「頑皮」）、gauche（法語，意思是「笨拙的」、「難看的」）、maladroit（法語，意思為「無效的」、「笨拙的」）、gawk-handed（蘇格蘭英語，其中 gawk 表示愚蠢的傢伙）、kejthandet（丹麥語，意思是「笨拙的」）、mancini（義大利語，意思是「彎曲的」）、molly-dooker（澳洲英語，其中 molly 是娘娘腔的男人，而 duke 則是「手」的俚語），以及 zurdo（西班牙語，azurdas 表示「走錯方向」）。[18] 英國人在這方面展現出一種特殊的天賦,有一大堆形容左撇子的詞語,譬如:back-handed(反手)、bang-handed(發出巨響的手)、clickey-handed(卡嚓卡嚓的手)、coochy-handed(扭扭捏捏的手)、cow-pawed(牛爪的)、dollock-handed(不靈活的手)、gammy-handed(無用的手)、kay-fisted(左手的)、Kerr-handed(蘇格蘭方言,意為左撇子)、kitty-wesy(古老或方言說法)、scoochy-handed(彆扭的手)、scrammy(黏乎乎、不舒服的)、skiffle-handed(進行噪音爵士的手)、skivvy-handed(做髒活的手)和watty-handed(不靈巧的手),林林總總,不勝枚舉。[19] 美國人經常使用不那麼貶義的 southpaw 來描述左撇子。根據萊・魯特里奇(Leigh W. Rutledge)和理查・唐利(Richard Donley)的說法[20],這個詞是由芝加哥體育作家查爾斯・西摩(Charles Seymour)創造的。在老式棒球場中,投手通常是朝西,所以投手的左手一般是位於球場的南邊。

雖然有這一長串貶抑左撇子的詞語,但值得慶幸的是,還是有稱讚左撇子的例外情況。印加人將左撇子稱為 iloq'e(蓋丘亞語〔Quechua〕:illuq'i),這個詞具有正面含義,因為住在安地斯山脈的人們認為,左撇子具有特殊能力,能通靈和治病。俄語表示左撇子的詞 levsha 源自尼古拉‧列斯科夫（Nikolai Leskov）1881 年小說中的主角,如今用來指「技術嫻熟的工匠」。

以這種極端方式妖魔化左邊、讚揚右邊似乎有些牽強,但我們在日常工作中仍然深受這些偏見影響,這點可能會讓人感到驚訝。讓我們看看康乃爾大學心理學家丹尼爾‧卡薩桑托（Daniel Casasanto）的一項研究。[21] 當要求慣用右手的「老闆」從左右兩份名單中挑選求職者時,選中右側名單的人會多於左側名單同等資格的人。同理,當要求人們將「好」和「壞」的動物分類到 A 盒子（位於左側）和 B 盒子（位於右側）時,「壞」動物通常被放入左邊（A）,而「好」動物則被放進右邊（B）。

甚至政治演講的手勢似乎也容易受到這種左右區別的影響。在 2004 年和 2008 年的美國總統大選中,有兩位慣用右手的候選人,分別是約翰‧凱瑞（John Kerry）和喬治‧沃克‧布希（George W. Bush,小布希）,也有兩位慣用左手的候選人,分別是歐巴馬（Barack Obama）和約翰‧馬侃（John McCain）。有人分析競選活動中政治演講的手勢後發現,右撇子表達積極想法時傾向於用右手比手勢,而使用左手做出手勢則會表達更多消極的想法。有趣的是,左撇子表現出相反模式;正面的想法是用慣用手(左手)表達,而負面想法則使用非慣用手。[22]

說到政治,左和右代表非常不同的意義,但根據個人的政治傾向,並不會明顯對一方有利,而對另一方不利!政治上左右區分似乎起源於1789年法國大革命時期,國民制憲議會(National Constituent Assembly)的席位安排。[23] 當時的議會開會決定國王是否應該擁有否決權,投票時,支持否決權的人坐在(高貴的)右側,而支持限制否決權的人則坐在左側。這種座位安排具有象徵意義,右翼成員希望維護國王的權力,而左翼成員則希望限制王權。在整個大革命時期裡,左派和右派的區別被用來描述法國的政治分歧,右派最終指的是君主專制的支持者,而左派則代表君主立憲制的支持者。從1930年代起,法國左翼成員開始倡導社會主義,而右翼成員則高喊要經濟自由化。後續章節將指出,左翼與右翼的政治派別,也會影響現代政治人物在競選照片中擺出的姿勢;而拍照姿勢的偏好差異同樣影響選民對候選人的看法。

重點 Takeaways

　　分清左右是一件很嚴肅的事。如果你一時左右混淆，運氣好的話不會受到什麼傷害，只會發生導航錯誤，或者寫稿時出現錯別字。然而，要是不走運，分不清左右可能會讓你犯下嚴重的醫療疏失。我們使用許多充滿價值判斷的詞語指涉左邊和右邊。描述所有左傾事物的字眼往往非常消極，甚至帶有貶義，而我們描述右傾事物的詞語卻大多是積極的。這些偏見在不同文化和不同時期，都非常一致。唯一例外的情況出現在政治領域。自從法國大革命以來，左派和右派在政壇上具有非常具體的意義，但右派與左派到底具有正向效價或負向效價，大致取決於個人的政治傾向。

第 4 章

左親親、右親親：
我們會接吻嗎？

這是教人接吻的書嗎？
——《公主新娘》
(*The Princess Bride*，1987 年)

如果你不記得自己的初吻,很可能你還沒獻出它。接吻可是件大事。初吻充滿儀式感和象徵意義。一生的緣分可用一個吻締結,也能用一個吻打破。假使來自遙遠星系的外星人前來地球考察人類的集體藝術作品,如詩歌、歌曲、繪畫,甚至 Instagram 貼文,他們很快便會發現,接吻有多麼重要。

然而,如果外星人調查人類集體科學的成果,可能得出截然不同的結論。科學界並未十分關注「接吻」。當某人讀到用紅色字體寫出的 green(綠色)一詞,並被要求說出字體顏色時,會發生什麼?你不妨詢問研究心理學家,看看他們會怎麼說。這些專家會告訴你,多數人會回答得一蹋糊塗,這種現象稱為史楚普效應(Stroop effect)。[1] 研究心理學家可以指出這種干擾如何、為什麼以及何時發生,也會告知這種效應向我們揭露了什麼,讓我們窺探大腦如何解碼語言。然而,如果你詢問同一批研究心理學家何為接吻,他們會開始胡言亂語,講一些催產素(oxytocin)之類的荷爾蒙[2],或者扯到多巴胺等神經傳導物質(neurotransmitter)[3]。我嚴重懷疑有人聽完他們的說法後會成為更擅於接吻的人,你反而會完全喪失接吻的興趣！

　　幸運的是，接吻科學是一個快速發展的領域。[4] 就像本書探討的其他行為，接吻通常是一種不平衡（偏側化）行為──對於我們這些長著鼻子的人來說，真是謝天謝地！接吻不同於本書探討的諸多行為，通常需要兩個人（這點稍後再談）才能辦到，使我們談論接吻時更加尷尬。愛人親吻時，雙方都會轉頭並向右側歪斜（請參閱下頁圖 11，這是歷來最著名的接吻照片）。

　　德國學者奧努爾・岡特昆（Onur Gunturkun）[5] 於 2003 年率先指出這種偏好的重大研究，然後將結果發表在全球最負盛名的科學期刊《自然》（*Nature*）。科學論文最無聊的部分通常是講述方法的內容，文中充滿收集數據的技術設備以及如何嚴格控制實驗條件等細節。但這次不會了。岡特昆觀察「美國、德國和土耳其的公共場所（國際機場、大型火車站、海灘和公園）接吻的情侶」，藉以研究接吻行為。[6] 這項研究有別於多數登上《自然》雜誌且高度受限的實驗室研究，讀起來更像跟蹤者的自白，而非科學論文。在岡特昆觀察到的 124 對接吻者中，65％的人會將頭轉向右側，只有 35％的人轉向左側。自從這項研

圖 11：這張照片攝於 1945 年 8 月 14 日的紐約時代廣場，當天是第二次世界大戰對日戰爭勝利紀念日（V-J Day）。拍攝者是美國海軍攝影記者維克多・約根森（Victor Jorgensen），我們可看到照片中的人物接吻時向右側歪頭。（同一場景的另一個視角圖最初刊登於《生活》〔*Life*〕雜誌。）

究發表以來,其他幾個研究小組(包括我的團隊)也重現了這個奇特的發現。[7~12]

〈序言〉討論了左撇子和右撇子的諸多差異。左撇子也會向右歪頭接吻嗎?當然如此。有人仿效岡特昆,在北愛爾蘭貝爾法斯特(Belfast)進行了有趣的擴充研究。首先,這些研究人員觀察了 125 對情侶(比德國的研究多了一對)如何接吻,然後讓志願者親吻一個對稱的假人或洋娃娃。[13] 他們觀察到的情侶行為與岡特昆研究中的情侶非常相似,80%的愛人在接吻時會向右側歪頭。然而,這些親吻是兩個人之間的協調行為。如果只要一個人吻,會發生什麼事?向右側歪頭可能是人與人之間某種協調行動的結果嗎?當 240 名學生收到一個體形對稱的娃娃,並按照要求親吻它(希望藉此額外獲得學分)時,77%的學生會將頭轉向右側。顯然不需要兩個人接吻時,人才會向右側歪頭。這 240 名親吻娃娃的學生也接受了慣用手測試,親吻者向右和向左歪頭的人,其慣用手情況沒有差異。既然如此,我們接吻時為何會向右側歪頭呢?

岡特昆根據直觀,從他的研究得出了非常簡單的結論,但這個結論最終被證明是錯的。岡特昆指出,人類和其他物種中有三分之二傾向於向右轉，由此得出結論，認為人在接吻時會向右側歪頭，是基於同樣的潛在運動偏好所衍生。然而，其他章節將指出，人的右轉偏好在出生前就有了[14]，因此不能歸因於學習或文化。它可能會影響我們其他許多的側偏好，尤其是那些與我們如何在空間中移動以及駕駛車輛有關的偏好，甚至影響我們在教室、飛機或電影院中選擇座位時。然而，人們並不是因為喜歡向右轉而在接吻時向右側歪頭。怎麼回事呢？因為跟誰親吻很重要。

與伴侶嘴對嘴親吻可表達非常親密的感情，但親吻姐妹的感覺是不同的，親吻孩子也不一樣。這並非我們不愛他們，而是接吻的主觀感受大不相同。事實證明，談情說愛時被優先激發的大腦部分，與表達父母之愛時觸發的大腦網絡差異甚大。[15,16] 父母之愛會刺激扣帶迴（cingulate gyrus，涉及行為調節）和紋狀體（striatum，涉及運動）之類的大腦結構；而浪漫之情會激發下視丘（涉及荷爾蒙調節）和海馬迴（涉及記憶）等結構。因此，親吻愛人與親吻孩子的主觀感覺會有巨大差異，這應該不足為奇。

我在加拿大的研究小組從 Instagram、Google 圖片和

Pinterest上收集了親子之吻的照片,因為我很好奇情侶接吻時向右傾的偏好,是否也適用於其他類型的親吻。[17]

我們使用了「母親吻兒子」、「父親吻女兒」這類搜尋字詞,或者搜尋 # daddykisses 的主題標籤,找到了529項符合研究標準的親子之吻案例(請參閱下頁圖12)。結果在浪漫之吻中常見的向右歪頭偏好發生了什麼事?它竟然消失了,甚至出現反轉。我們發現,無論是母親吻兒子或父親吻女兒,人在親吻時都會向左側歪頭。這有可能是因為我們透過網路收集圖像,而非在機場或火車站實際觀察人們的舉動?但顯然不是,因為當我們使用相同技術和來源相互比較親子之吻與浪漫之吻的例子時,同樣發現後者有三分之二的比例向右側歪頭。我們得出的結論是,家庭關係確實有所不同,接吻時會向哪一側歪頭則要看跟誰親吻。如果人們因為有右轉傾向而偏好在接吻時向右歪頭,那麼親吻的對象就不該有所影響。

既然大多數自然發生的浪漫之吻都是向右歪頭,如果扭轉這種趨勢會發生什麼事呢?若是某個描繪右側熱吻的圖像(例如,法國雕塑家奧古斯特・羅丹〔Auguste Rodin〕的作品《吻》〔*The Kiss*〕)變成反轉鏡像,會

圖 12：親子之吻，沒有表現出浪漫之吻中明顯的向右歪頭傾向。

圖 13：浪漫之吻時表現出典型的向右歪頭傾向。

顯得不那麼充滿愛戀或激情嗎？我的研究小組以幾種不同的方式，提出這個有趣的問題。首先，我們收集了右吻和左吻的圖片，然後把它們和鏡像反轉的圖片並列（請參閱下圖 14）。

圖 14：接吻時向右側歪頭和向左側歪頭的反轉鏡像。

請注意，我們並不是簡單拍攝右吻圖像後將其反轉，因為左吻可能另有其他不同之處（稍後會詳細介紹）。我們想向人們展示一對對情侶接吻圖片，分別是原始向右接吻的圖片、反轉後向右接吻的圖片、原始向左接吻的圖片，以及反轉後向左接吻的圖片。一旦我們有了 25 組不同的圖片，在螢幕上反轉平衡其位置後，便會產生 50 種不同的組合，其中一半的組合先顯示原始圖像。我們將這些照片成對拿給 61 名毫無心理準備的學生，請他們「點擊你認為最激情熱吻的照片」。你猜到發生什麼事了嗎？正如我們所料，右吻的圖片比較會被選為「最激情的吻」。如果回想一下最初在德國機場和火車站進行的接吻研究，研究者當時將其歸因於動作傾向，也就是多數人會自然表現出向右歪頭的偏好。然而，這種解釋著眼於人們的動作偏好，並未解釋為何人們認為接吻時向右側歪頭會顯得更有激情。

接下來我們做了什麼？正如在最初的接吻偏好研究中後續探索親子之吻的研究一樣，我們也用父母親吻孩子的照片進行鏡像反轉的研究。這一次我們向 113 名大學生展示了成對的原始圖像和反轉鏡像，然後請他們「點擊你認為最充滿愛意的親吻圖片」。結果如何呢？正如我們在「自然發生的」親子之吻中發現的那樣，當父母親吻孩子時，我們對浪漫之吻的右偏傾向就消失了。[18]

另一項研究接吻偏好的方法也很有趣，就是透過廣告。許多廣告（雜誌、廣告看板、影片廣告、線上橫幅廣告的靜態照片）都會出現情侶接吻的場景，尤其是廣告產品與浪漫愛情稍有關聯時。我從未見過以情侶接吻為主題的第三方責任險廣告，但很容易找到浪漫的香水廣告。廣告商展示商品時會想盡辦法使其符合商品的預期用途。

楊百翰大學（Brigham Young University）梅利歐特管理學院（Marriott School of Management）的瑞恩・艾爾德（Ryan Elder）和阿拉德納・克里希納（Aradhna Krishna）進行過一項研究[19]，調查人們是否更喜歡那些讓人很容易想像自己與產品互動的商品廣告。例如，他們展示了一張手拿漢堡的圖片，測量被研究者的用手偏好，並評估他們是否喜歡那些由其慣用手拿著漢堡的圖片。透過一系列的五項研究，發現消費者會挑選根據他們慣用手來設計的產品廣告。

後續的接吻研究其結果是顯而易見的。廣告中向右歪頭的親吻是否受到消費者青睞？是否會影響消費者對廣告中品牌的印象，甚至影響購買商品的意願？為了研究這一點，需要收集「接吻廣告」並加以修改，產生反向接吻的圖片。然而，這比我們先前的幾項研究都更為複雜，因為與Instagram上情侶接吻或親子之吻的貼文不同，廣告會包含一些額外的東西，也就是廣告詞。當然，只是鏡像反轉廣告圖片是行不通的。反轉圖片之後，文字會左右顛倒。我們將文字分離並重新覆蓋在圖片上以模仿原始版面,但不翻轉文字,以免讓人輕易得知哪個版本是原始的印刷廣告。接著,我們展示了這些廣告及其多數內容被鏡像反轉的重製廣告,藉此衡量對潛在消費者的影響。正如我們所預測的,消費者對帶有右側歪頭接吻的廣告態度、對品牌的看法、甚至他們購買產品的意圖方面得分較高。

截至目前為止,我們所研究的親吻都發生在彼此非常熟悉的人之間、這些人甚至可能是情侶。但你曾親吻過陌生人嗎?現在你可以鬆一口氣,因為我們這些做實驗心理學研究的人並不能隨心所欲地做實驗。在開展新實驗計畫前,我們需要一五一十地向倫理委員會提交研究方法、程序、目標和潛在參與者,而委員們會努力確保其遵守倫理、法律和道德標準。如果我要寫一份提案,讓陌生人在我拍攝過程中互相親吻,當地大學的道德委員將會嘲笑我,然後把我轟出去。

以 YouTube 上「初吻」(First Kiss)影片的社群媒體現象為例。[20] 社群媒體趨勢不需要遵守研究倫理委員會制訂的標準。如果它們會遵守,諸如「汰漬洗衣膠囊挑戰」(Tide Pod challenge,編按:一個社群媒體現象。因洗衣膠囊 Tide Pod 有著亮橘配亮藍的旋渦圖案太像糖果,引發無數青少年挑戰食用洗衣膠囊）這種愚蠢的事就絕對不會在網路上瘋傳，也不會危害易受影響的年輕人身心。所幸的是，網路上也出現了某些有用的時尚。紐約服裝公司 Wren 於 2014 年發布了一部短片《初吻》（*First Kiss*），該片由塔利亞・普列瓦（Talia Plleva）執導。這部影片描繪了 20 個陌生人，他們同意隨機配對，在影片中拍攝初吻影片。有些，嗯……很多配對者都吻得非常難看。觀看者一眼就能看出兩人尷尬的肢體語言，和猶豫不決的接吻前奏。幸好有些組合表現得很自然，甚至充滿激情。就像網路上常見的情況一樣，有人開始仿效這項原創構想，在 YouTube 上發布他們剪輯拼湊的初吻影片。這給了我們一個獨特的研究機會。隨機配對數百人互相親吻的提案肯定會被任何一所大學的倫理委員會否決，但隨著這種社群媒體現象出現後，這項研究突然成為可行了！

我們針對 226 組初吻配對者進行了編碼，從中找出其方向偏好。這些人接吻時只會向右歪頭嗎？絕對不是！向左親吻（48.2％）和向右親吻（50.9％）的比例幾乎是完美的 1：1，其中 0.9％ 的接吻看不出任何方向偏好（中間吻）。再說一次，誰吻誰很重要。情侶浪漫親吻時會向右側歪頭。父母和孩子之間的親吻並不會表現出這種右傾偏好，反而可能有一點左傾傾向。兩個成年人隨機配對接吻時，不會表現任何方向偏好。接吻時的側偏好只是因為轉頭偏好嗎？顯然不是。

人們之所以接吻時會向右側歪頭，可以在西方世界之外找到其他線索。本書以英文撰寫，因此閱讀時是從左到右瀏覽文字。歐洲、南北美洲、印度和東南亞的多數現代語言都是從左往右書寫。然而，有一些廣泛使用的語言是從右向左讀，包括阿拉伯語、阿拉姆語（Aramaic，譯按：又稱亞蘭文或阿拉米語，閃族語系的一種）、希伯來語、波斯語／法爾西語（Persian/Farsi）和烏爾都語（Urdu，譯按：又稱烏都語，巴基斯坦的官方語言）。對於母語是從右到左閱讀的讀者而言，接吻的樣貌看起來會不會和母語是從左到右閱讀的西方讀者不同？別忘了，截至目前為止，我調查的接吻研究都來自西方文化，例如德國、英國和加拿大。

2013 年，認知心理學家塞繆爾・沙基（Samuel Shaki）[21] 用兩種不同的方式提出了這個有趣的問題，這些方式現在看來都頗為熟悉。如同岡特昆的研究一樣，沙基觀察並編碼了情侶在公共場合如何接吻,但與原始研究不同的是,沙基比較了閱讀方向「右至左」與「左至右」人們之間的接吻差異,對義大利、俄羅斯、加拿大、以色列和巴勒斯坦的自發性當眾接吻進行了採樣。正如其他研究中觀察到的結果,三分之二(67%)的西方情侶接吻時會表現出向右偏好,但78%的中東情侶在接吻時會將頭轉向左側!

沙基也針對這項發現進一步研究。他請志願的學生親吻真人大小且身形對稱的塑膠人體模型的頭部。假人的頭被安裝在高度可調整的三腳架上,腳架位於正中央,後方是一片樸素的背景。沙基讓學生站在假人頭的正前方,接著請他們親吻假人的嘴脣。雖然沒有特別提及研究方法,但我相信研究人員在試驗之間對假人頭進行了消毒!這得感謝研究倫理委員會。正如他們在室外觀察到情侶間「真實」親吻一樣,來自西方(習慣左至右閱讀)的學生傾向於向右歪頭親吻娃娃,而講阿拉伯語和希伯來語的學生則偏好左傾親吻。總體而言,這些結果表明,接吻時的側偏向不僅取決於接吻者之間的關係,還取決於接吻者是從左到右或從右向左的視覺掃描傾向。

不過，本章節中尚未提到另一種類型的親吻方式：法式接吻（French kissing）。不，不是那種法式接吻。在某些國家，例如法國，親吻臉頰是問候，既可以打招呼，也能表示道別（如同夏威夷語的阿羅哈〔aloha〕）。這種親吻很常見，不限於愛人之間，甚至不一定是彼此特別熟識的人。即便是初次見面，有時也會進行這種問候式親吻。然而，並非所有社交場合都會出現問候式親吻。成年男女之間很常這樣做，甚至成年女性之間也經常這樣親吻，但在男性或兒童之間則比較罕見。如果我們在 Google 或 YouTube 上搜尋如何在法國進行問候式親吻，會發現有人建議先親吻對方右側臉頰（我們的左臉頰方向）；若是對方親吻我們，應該主動送上右臉頰。我們很快就會看到，這項建議是否有用，取決於你造訪法國的哪個地區。

在許多情況下，這些問候式親吻並非單一行為，而是精心安排的一系列親吻，在左臉頰和右側臉頰之間交替，在一連串的親吻中，每個人最多交換四次親吻。雙方互動不好，就很可能出錯。如果當地習俗是吻三次，要先吻右臉頰，再吻左臉頰，接著再吻右臉頰。如果一開始吻錯了一側，就會出現「進退兩難」的尷尬場面，而非預期的「日常社會協調的奇蹟現象」（daily miracle of social coordination）。[22]

可以想見的是，研究這種類型親吻時的側偏好相當複雜。如果當地習俗是先親一側臉頰，然後再親另一邊臉頰，那麼哪一邊臉頰更為重要，第一次親的臉頰還是第二次親的？如果根據當地文化要親吻三次，從親吻右臉頰開始，換到左臉頰，然後再回到右側臉頰，這時該怎麼辦？右臉頰的親吻算兩次嗎？阿曼丁・夏普蘭（Amandine Chapelain）及其同事，在2015年深入研究了這種複雜現象。[23]他們採用了各種方法，包括自然觀察（在公共場所觀察和記錄自然發生的接吻）以及問卷調查，發現法國（從左到右閱讀的國家）的多數地區表現出與其他地區同樣的右吻偏好。[24]問候式親吻時，第一次接觸往往是右吻，發生比例與其他地方相似。然而，這種情況因地而異，在某些「區域」（department，法國的省）人們親吻偏向左側，當地居民始終遵循該地習俗。換句話說，在大多數西方社會中存在的右傾偏好，可以透過社會壓力和當地習俗進行調節，甚至加以逆轉而左右顛倒。

這對於遊客來說，實在容易感到困擾，幸好法國的問候式親吻偏好有相對穩定的區域趨勢。遊客可以透過網站：combiendebises.com（網站名稱中的「combiendebises」英文意思是「吻多少次」），查出在特定地區吻多少次是正常的，以及應該先吻哪一側臉頰。

至此我們已經回答了許多問題，但也提出了一些新

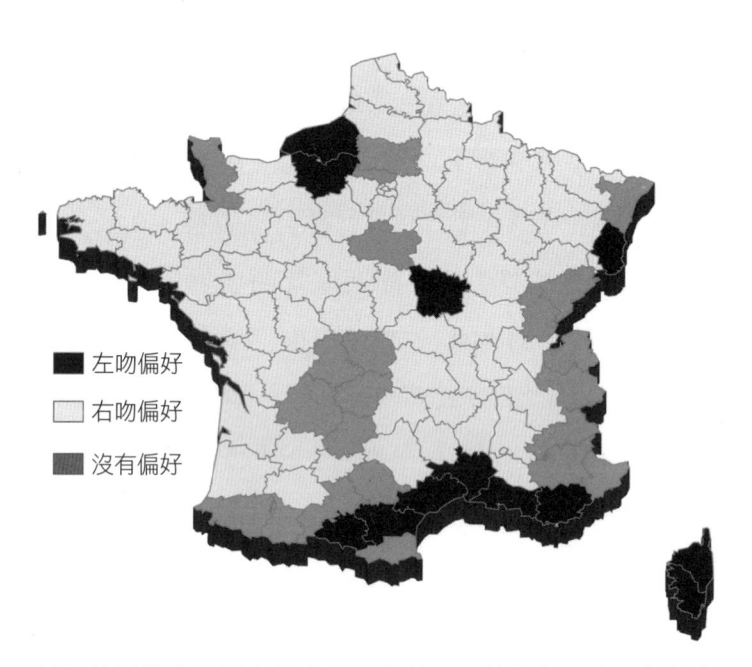

■ 左吻偏好
□ 右吻偏好
■ 沒有偏好

圖 15：這是觀察法國人親吻偏好的結果。請注意，法國多數省分都表現出右吻偏好（白色地區），而少數左吻傾向為常態的地區（深色區域）則位於法國南部。

的問題。是什麼因素導致西方情侶接吻時偏好向右歪頭？這不僅是轉頭偏好的問題，因為誰吻誰很重要。如果是情侶相互親吻，很可能是右吻；假使是家人之間親吻，可能不會偏右。向右歪頭的傾向與慣用手偏好有關嗎？顯然沒有。它是否由母語閱讀方向所引起？或許如此，至少母語的閱讀方向似乎會產生影響。同樣地，當地的社會習俗和社會壓力，至少在法國的不同地區，同樣影響了問候式親吻的側偏性。

當我的研究小組發表關於家庭之吻的研究結果時，許多媒體報導都包含了同樣有趣和直觀的錯誤。《柯夢波丹》（*Cosmopolitan*）或《美信》（*Maxim*）等時尚雜誌，都急於利用這種右吻效應來診斷情侶之間的接吻有多浪漫，甚至作為戀愛發展軌跡或最終命運的指標。如果對方接吻時把頭轉向右側，那就表示一切順利。然而，假使對方給你一個左傾之吻，那他們只是把你當作朋友！往好的方面來說，這些說法沒有根據；往壞的方面講，它們簡直錯得離譜。我能找出這些預測背後的邏輯，甚至可以想像測試它們的方法。然而，在實驗完成之前，驟然下這些結論為時尚早。

重點 Takeaways

每年的7月6日是國際接吻日（International Kissing Day）。我們該如何為這個重要的日子做好準備？我能提供哪些實用的接吻建議呢？我們知道，右傾之吻被認為比向左偏的吻更加浪漫。因此，當你親吻戀人時，請向右歪頭。唯一可能的例外是，這對情侶具有相同的文化背景，並且母語是從右向左閱讀的。親吻家人時，中間甚至左偏的吻都屬於常態。當你造訪法國或前往其他熱衷於問候式親吻的國家時，請先查清楚當地問候式親吻的方式，或者先讓對方採取行動，以免落入進退兩難、怎麼吻都不恰當的場面。瑞典女演員英格麗‧褒曼（Ingrid Bergman）曾說：「親吻是大自然設計的一種可愛小把戲，讓人堵住多餘的話語。」

第 5 章

抱抱偏見：
你抱娃娃的方式對嗎？

告訴我，幻想在哪裡孕育？
在心房，還是在腦海？

——威廉・莎士比亞（William Shakespeare），
《威尼斯商人》（*The Merchant of Venice*），第 3 幕第 2 場

我們正在探索各種不平衡的行為，其中抱姿偏好可能是最古老的。人們傾向將嬰兒抱在左側，這個動作由來已久，包含幾個有趣的層面。若將我們的偏向行為與其他動物相比，就會發現人類有許多獨一無二的側偏好。我們的藝術作品、座位選擇、手勢、政治和社群媒體中存在的側偏好，在動物界是找不到的，這點完全不奇怪。然而，我們某些比較簡單且明顯的側偏好呢，例如慣用手？當然，你家的狗主動伸出一隻爪子，或者你家的貓把架子上祖母的花瓶傳家寶推下來時，可能會展現出牠們慣用哪一隻爪子。話雖如此，90％的人是右撇子，只有10％的人是左撇子，這種群體層面的側分化在動物界是看不到的。貓和狗會表現出比較微弱的側偏好，並且在物種（甚至品種）層面上，這種偏好甚至更薄弱。

抱姿側偏好則不然。只要你去動物園實地考察，就可看到猴子、黑猩猩和其他許多動物會明顯展現出左抱傾向。科學家對於不同物種的相同行為非常感興趣，因為這表示該行為具有適應性（adaptive）。這種行為具有特殊之處，讓動物得以生存和繁衍。在最早的人類出現並開始破壞地球之前的數十萬年，漫遊於世界的動物便已展現抱姿側偏好，也就是人類表現出的左抱傾向（有關這種偏好，請參閱下圖16）。抱姿側偏好的歷史十分悠久。

抱姿側偏好的研究也很久遠。有人指出[1]，柏拉圖率先在《法篇》(*Laws*)中討論慣用手時，記錄抱姿側偏好。我們可以解釋這位希臘哲學家的主張——兒童未來的用手習慣可以歸咎於「護士和母親的愚蠢行徑」，這便在暗示抱姿側偏好（也就是所謂的「愚蠢行徑」）。部分原因是

圖16：馬利亞（Virgin Mary，聖母瑪利亞）將耶穌抱在左側的石雕。如今多數人也有同樣的側偏好。

《法篇》記載了另一段話[2、3]，柏拉圖在此處建議護士應該把嬰兒抱到「寺廟、鄉村或親戚家裡」，但她們應該「注意，別讓嬰兒還太小時便讓他們的四肢靠在大人身上而扭曲變形」。[4] 我本人並不相信柏拉圖是第一個描述抱姿側偏好的人。

有些早期提到抱姿側偏好的文獻則更加明確。例如，荷蘭內科兼外科醫生費利克斯·武爾茨（Felix Würtz）在其所著的《兒童讀物》（*The Children's Book*，1656年）中指出，總是同一側抱孩子可能「對孩子有害」。[5] 另一位歐洲外科醫生也「指責」護士和母親，認為嬰兒的用手習慣是大人的抱姿側偏好所造成。法國醫生尼古拉斯·安德里（Nicolas Andry）在1741年發表的《矯形外科》（*L'Orthopédie*）中聲稱，左撇子「通常是護士的錯所造成，有些護士總是用左臂抱孩子，這樣一來孩子只有左臂能自由活動，造成他們老是使用左手。因而左手變得更強，右手就變得更弱。」[6] 18世紀和19世紀的其他學者，例如哲學家讓-雅克·盧梭（Jean-Jacques Rousseau，1762年）[7] 和約瑟夫·孔德（Joseph Comte，1828年），都注意到了抱姿側偏好，並且武斷認為這對嬰兒的用手習慣發展會有潛在影響。然而，50 年前兒童心理學家李‧索爾克（Lee Salk）參觀了紐約市中央公園動物園之後，開啟了長達數十年抱姿側偏好的研究。

當時，索爾克觀察一隻恆河猴（rhesus monkey）抱著剛出生的猴寶寶，發現猴媽媽「明顯傾向」將寶寶抱在左側。在後續幾週裡，索爾克記錄了更多抱姿側偏好的例子，另外發現有 39 次母猴左側抱猴寶寶，只有兩次抱在右側（往左抱幼獸的比例是 95％）。有了這些奇怪的觀察結果，他想知道人類母親是否也會表現出同樣的抱姿側偏好。索爾克不僅研究「自然情境下」的人類母親，還設計了一系列實驗，讓他在當地醫院的產科病房觀察母親產後的前四天舉止。[8] 他用雙手托起嬰兒，放在新手媽媽的正前方，然後記錄母親最初抱孩子的方式，發現慣用右手的母親有 83％ 的比例會抱在左側；而左撇子母親也會朝左側抱孩子，但這種偏好要弱一些（左抱比例為 78％）。

當索爾克問這些新手媽媽為何要用左手抱嬰兒時，答案會因她們慣用手的不同而有差異。左撇子媽媽告訴索爾克：「我是左撇子，這樣抱寶寶更好。」右撇子媽媽則聲稱：「我是右撇子，用左手抱小孩時，就可以騰出右手做事。」[9]

索爾克並不認為她們是出於不同原因而做出同樣的舉動，反而認為媽媽們這樣解釋只是合理化自己的自動反應，與慣用手毫無關係。隨後的研究大多支持這項觀點。母親的用手習慣似乎與我們從人類、甚至其他物種身上看到的抱姿側偏好，幾乎沒有關聯，本章稍後會再討論這一點。

在這項令人驚訝的研究後，索爾克開始特別關注描繪母親和孩子的繪畫和雕塑。他觀察了 466 件這類藝術作品，包括文藝復興時期各種「聖母與聖嬰」畫作，或者母親與孩子的立體雕塑。無論藝術媒材或主題如何，80％的作品都描繪了母親朝左抱嬰[10]，這與現實世界中觀察到的現代母親抱孩子的側偏好非常相似。在早期基督教藝術、印象派和後印象派繪畫中，朝左抱嬰的傾向也相當明顯[11]，但在男性抱著嬰兒的照片中，這種側偏好往往較弱，或者完全不存在。有人研究過前哥倫布時期的美洲藝術[12]，我們從中得知，早在西元前 300 年的作品就表現出朝左抱嬰的傾向（請參閱下頁圖 17）。

那麼，顯而易見的問題是：為什麼？當然，索爾克本人在第一次研究中就提出這個問題，但他得到的答案並沒有太大用處。自從索爾克最初的報告發布以來，有超過 50

圖 **17**：瑪雅婦女將孩子抱在左側。

項的後續研究發現了同樣的左抱傾向。[13] 我們可以在婦產科病房、公園、藝術品、私人住宅，甚至在 Instagram 上看到這種現象。然而，這些新研究也引發了新的問題。這種側偏好在非常年幼的嬰兒身上表現得最為強烈，當孩子成長到三、四歲時，這種偏好可能會完全消失，甚至逆轉。男性和女性都會表現出這種側偏好，但女性更為強烈。左側偏好幾乎存在世界各地，包括美洲、歐洲、非洲和中國，但它卻會消失在地球的某些角落，好比馬達加斯加的馬達加斯加人就沒有這種抱姿側偏好。[14] 若要正確說明偏好原因，就必須解釋為何抱姿側偏好會有變化。

讓我們從最明顯的解釋以及本章開篇的莎士比亞名言開始。在《威尼斯商人》中，波西亞（Portia）的一位侍從唱道：「告訴我，幻想在哪裡孕育？在心房，還是在腦海？」她指的是現代心理學家所謂的心臟中心假說（cardiocentric hypothesis），也就是智力和情感來自心臟，而非大腦。人們普遍認為，會有這種觀點，全都歸功於（或者應該說「罪魁禍首」？）亞里斯多德，但他並不是第一個，也不是最後一個相信心臟具有與泵血無關的高級功能的人。[15] 他注意到人死後身體會變冷，推論心臟一定是熱量的來源，甚至認為大腦會給身體降溫。與亞里斯多德同時代的許多人，例如哲學家恩培多克勒（Empedocles），無不支持這種以心臟為中心的觀點；而柏拉圖、德謨克利泰斯（Democritus）和加倫（Galen）則認為，大腦其實是「孕育幻想之處」，在智力和情感中發揮核心作用。[16]

儘管心臟中心假說已經消亡了數個世紀，但它仍具影響力，可以說主導著我們的日常語言和符號，尤其影響我們如何談論情感。我們會對戀人說「我會全心全意愛你」；對於他人善行和致贈禮物時，我們會致上「衷心的感謝」。而當戀人離開我們時，則會哀傷地說我們的「心都碎了」。

某個人若表現得毫無情感,我們會說他「鐵石心腸」。假使我們說出深刻且對人意義重大的話,那我們「說的是內心話」。心臟不僅因情感而備受讚揚。當我們背誦莎士比亞著名戲劇中的一首歌或一段文字時,也會說是「牢記於心」。我們表達愛戀和感情的象徵,同樣把所有功勞歸功於心臟。你何時看過情人節卡片上印著大腦圖片?

這讓我們想起1950年代末期在紐約市工作的索爾克。當時,科學界樂於將情感全部歸功於大腦的某些部分,尤其是下視丘,但人們的日常表達卻著眼於心臟,因此索爾克認為這點很奇怪。具體來說,他想知道「貼近母親的心」這句話,是否不僅是一種表達,也許是人類和猴子的抱姿偏好等行為的基礎。

除了一些非常罕見的內臟易側案例[17](請參閱下頁圖18),人類的心臟通常位於左側。把嬰兒抱在左側,其實是讓孩子「貼近母親的心」。待在子宮裡、尚未出生的孩子,在整個發育過程中會一直聽到母體的心跳聲。索爾克認為,嬰兒通常會將這種聲音連結安全且無壓力的環境。因此,將新生兒放在心臟旁邊,可能有助於安撫嬰兒,讓他感到安全。關於這個論點有各種說法,索爾克甚至暗

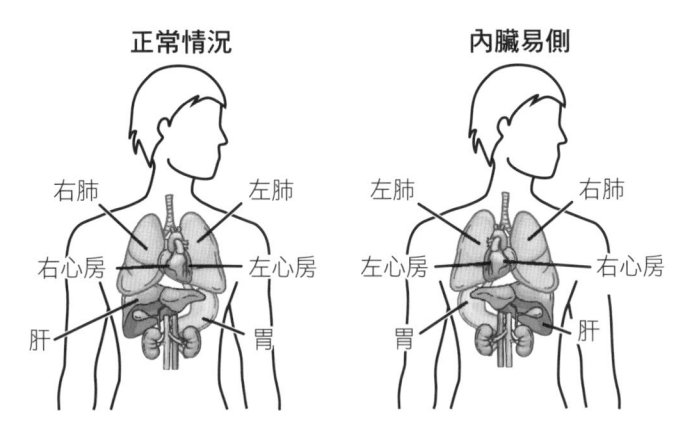

圖 18：罕見的（萬分之一）完全內臟易側。臟器通常是不對稱的，位置全都反轉，包括心臟向右移位。大多數內臟易側者，終其一生中都不會礙於這種不尋常情況而出現任何併發症。

示了一個更大膽且涵蓋更廣泛的版本：「從最原始的部落鼓聲到莫札特和貝多芬的交響曲，都與人類心臟的節奏有相似之處。」[18]

儘管「心跳假說」直覺上很合理，但證據卻很薄弱。患有右位心（dextrocardia，心臟位於右側，而非左側）的母親仍然偏好用左手抱嬰孩。[19]即使「心臟長在正確位置」的母親，也不會傾向於將嬰兒抱在心跳最清晰的心包膜區域（pericardial region）。索爾克最初探討抱姿偏好的研究時，包括了一些非常引人注目的說法——心跳聲可以讓嬰兒獲得舒緩安靜，但後來有人嘗試重現這些結果時卻未能成功。[20]

還有一種更簡單的方法可以檢驗心跳理論。我們可以觀察人們如何攜帶不是嬰兒的物品。例如，購物者抱著尺寸和形狀有點像嬰兒的包裹會怎麼樣呢？南加州大學（University of Southern California）的海曼・韋蘭德（I. Hyman Weiland），曾經觀察購物者如何攜帶「嬰兒大小」的包裹，走出裝設自動門的門口（不需要騰出一隻手來開門）。在他觀察到的 438 名成年人之中，半數的人是左手抱包裹，另一半則是右手拿包裹。[21] 同樣地，如果數百名大學生想像自己拿著一個花瓶、一本書、裝在紙袋裡的書，或者一個裝滿糖粉的密封盒子，那麼就不會出現任何側偏好的傾向。[22]

然而，不是非得抱真正的嬰兒才會激發左抱偏好。用一個洋娃娃就可以了。事實上，甚至連洋娃娃也不需要——一個想像中的嬰兒便已足夠。如果我們讓大學生想像自己抱著一個嬰兒或洋娃娃，他們往往會想像自己用左手抱洋娃娃的模樣。[23] 同樣地，假使我們請成年女性將枕頭緊貼於胸口，我們就不會看到抱姿側偏好。然而，如果我們要求同一組女性把枕頭想像為「身處危險的嬰兒」，左抱傾向就會再次出現。[24]

　　毛孩子（以及 #furbaby 標籤）愈來愈受歡迎，與其相對應的說法還有寵物父母（pet parent）。不過，毛孩子不僅是寵物的另一個代名詞，有毛孩子的人通常沒有生兒育女，飼養的寵物在許多方面都被視為孩子的替身。如果把枕頭假裝是人類嬰兒便足以觸發左抱偏好，那麼毛孩子呢？牠們也被當作「真正的」嬰兒對待嗎？沒錯，確實

圖 19：超級名模米蘭達‧寇兒（Miranda Kerr）在洛杉磯機場將她的毛孩子抱在左側。

如此！有人曾經調查名人和「一般」狗主人，發現照片中62％的女性會將狗狗抱在左邊。[25] 在我的實驗室裡，我們研究了一千多張父母抱著孩子的照片，以及分析了一般人（非名人）抱著寵物的照片，發現普通人跟名人一樣，也喜歡把毛孩子抱在左邊。

截至目前為止，我們討論了抱姿偏好，好像這種傾向對每個人來說都一樣，並且不會因為時間推移而改變。然而，這些都不是真的。有些人總是習慣把嬰兒抱在右邊（或者至少沒有表現出典型的左抱傾向）。即使有人喜歡把嬰兒抱在左側，這種偏好通常也會隨著時間逐漸改變，而這取決於嬰兒的年齡。抱新生兒和非常年幼的嬰兒時，這種偏好最為強烈。[26] 但隨著孩子逐漸長大、體型愈來愈大和愈來愈重，這種偏好會逐漸減弱，甚至逆轉。[27] 解釋這種年齡效應十分困難，因為新生兒和3～4歲的孩子之間存在一些重要的差異，進而可能影響大人抱孩子的方式。新生兒既小又輕且脆弱，不太強壯，甚至需要支撐頸部。3～4歲孩子的體重是新生兒的四到六倍，父母抱他們的時候可能會感到手痠，必須更頻繁地換邊抱。

其他因素也會影響抱姿偏好的強度和方向。因疾病或早產而與嬰兒分離的母親，比經歷無併發症分娩（假使真有無併發症分娩〔uncomplicated birth〕這種事）的母親，表現出更弱的左抱傾向。[28] 此外，左側抱和右側抱在品質體驗上，也有一些有趣的差異。朝左抱的新媽媽與寶寶的「親密感」會更高。[29] 用左手抱嬰的媽媽們也表示，她們在分娩前為孩子做了更充足的準備。[30]

這意味著右手抱嬰的母親日子過得更艱難，這一點確實有大量證據足以佐證。例如，產婦憂鬱症與右手抱娃有所關聯。[31] 貝克憂鬱量表（Beck Depression Inventory，簡稱 BDI）[32] 是一份包含 21 個項目的簡短問卷，詢問憂鬱症的狀態和症狀，包括情緒以及睡眠或飲食習慣的變化。心理學家羅賓·韋瑟里爾（Robin Weatherill）[33] 曾針對 177 名高風險母親進行了 BDI 測試，這些女性有一半曾被伴侶家暴。沒有憂鬱症的母親表現出強烈的左抱傾向，但這種偏好在有憂鬱症的母親身上消失了，甚至略微轉向右抱偏好。當然，這就引出了「先有雞，還是先有蛋」的問題。彼得·德·沙托（Peter de Château）及其同事的一項研究指出，朝左抱嬰的母親與嬰兒之間的「親密感」更高。[34] 缺少這種感覺可能會導致憂鬱，或者反之亦然。

有憂鬱症的女性不會表現出左抱偏好，這與我們已知的憂鬱症病因相吻合。憂鬱症患者通常會表現出右腦功能障礙，包括整個右腦活動減少[35]，對右腦視覺刺激的感知反應減少，對右腦情緒內容的反應減少，以及對右腦正向情緒刺激的反應減少。這些都與欠缺左抱偏好一致。

觀察自閉譜系疾患（autism spectrum disorder，簡稱ASD）患者的抱姿偏好，似乎也有所不同。患有ASD障礙的兒童常難以和他人建立連結，與正常兒童相比，他們在情感互動上會採取不同方式。最近的一項研究，讓20名自閉譜系疾患兒童和20名正常兒童玩「扮演遊戲」。[36] 實驗者遞給每個孩童一個洋娃娃（名叫蘇西），然後問他們：「你會抱著蘇西哄她睡覺嗎？」接著實驗者記錄這些孩童的抱姿偏好。一如預期，90％的正常兒童表現出左抱傾向，但有自閉譜系疾患的孩子沒有表現出任何偏好：50％的孩童抱在左側，另外50％的孩童則抱在右側。

這些左抱傾向，無論慣用手、文化或種族如何都會出現，但如果嬰兒和兒童的種族不同呢？在一項巧妙但有點讓人不安的研究中，一群義大利研究人員讓白人女性抱著白人或黑人娃娃，評估她們對非洲裔人士的偏好程度。[37]

抱娃的人愈不喜歡非洲人，抱姿偏好就愈偏離左抱的常規。抱娃者種族偏見愈少，就愈有可能展現左抱偏好。總體而言，根據這些發現，向左抱嬰是嬰兒和母親之間依戀和積極關係的自然指標。

我們知道，多數人都把真實的或想像的小孩、甚至「毛小孩」抱在左邊，但其他動物呢？牠們照顧後代時是否也會表現出這種不平衡舉動？還記得索爾克50年前做的那一項熱門研究嗎？當時，他觀察紐約市中央公園動物園的一隻恆河猴，這隻猴子有95％的時間將幼猴抱在左側。自從索爾克觀察這隻圈養的猴子以來，有不少人陸續研究過野生和圈養的各類物種，結果都證實了索爾克的觀察結果。

黑猩猩似乎有最強的左抱傾向，平均比例接近75％。[38]大猩猩通常也會將幼兒抱向左側（74％），但長臂猿、紅毛猩猩和狒狒的這種傾向較弱，甚至完全沒有。針對猴子的研究有各種結果，好壞參半。當然，索爾克指出，中央公園動物園裡一隻圈養的恆河猴有非常強烈的左抱傾向，而後續某些調查發現，當母猴抱小猴[39]或者受到驚嚇時抱起小猴時[40]，就會出現左抱傾向。另有研究發現個體層面的抱姿側偏好，但沒有觀察到整個猴群有這類偏好。[41] 然而，這些研究都沒有像索爾克報告中指出的那樣強烈偏好。話雖如此，整體而言包括我們在內的類人猿，都傾向朝左抱娃。

圖 20：黑猩猩在 75％的時間都會朝左抱幼猴，幾乎與人類一樣頻繁。

不只是那些惹人憐愛的毛茸茸可愛動物會朝左抱娃，甚至像果蝠（fruit bat）這類動物（請參閱下頁圖 21），母蝙蝠抱幼子時也有強烈的左抱傾向。蝙蝠幼崽會花更多時間依附母蝙蝠的左側乳頭，但不一定是一直在吸吮乳汁。就像人類母嬰關係一樣，這種安排讓母子雙方都將對方置於左側視野，進而優先刺激右腦。

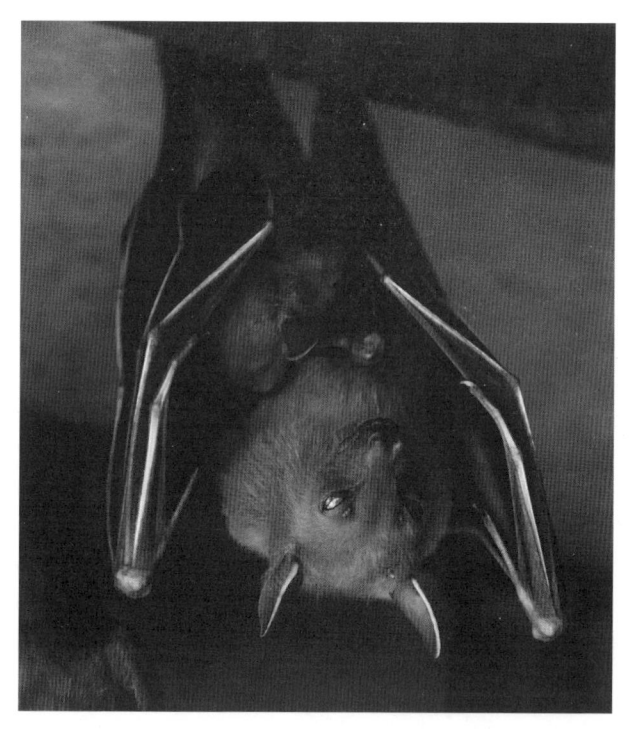

圖 21：一隻印度果蝠幼崽貼在母果蝠的左側乳頭上。

其他動物呢？我們是否在其他物種的親子互動中，發現同樣的左抱傾向？那些根本不抱幼崽的動物呢？想想野馬這個不尋常的例子吧！最近幾項研究指出，馴養的馬有強烈偏側化的母子行為。母馬（母親）和小馬（後代）分離後重聚時，小馬更喜歡將母馬保持在左側視野的位置。同樣地，母馬在逃離某些察覺到的危險時，似乎也傾向讓小馬待在左邊。[42] 這種站位安排，使小馬處於母馬右腦控制的視野範圍。我們知道，馬的右腦對於牠的各種社會行為（包括建立情感聯繫）至關重要。右腦在空間處理、感知位置、定位物體以及目測觀察者和物體之間的相對位置上，也有非常關鍵的作用。如此看來，右腦似乎非常適合用來追蹤後代動向！

然而，並非所有物種都傾向於朝左抱幼崽。多數靈長類動物會這樣，某些蝙蝠、馬、南露脊鯨（southern right whale），甚至可能馴鹿也有這種傾向。儘管在群體層面上，海象的抱姿大致朝左，但海象並未表現出抱姿側偏好。羚羊、白鯨、東部灰袋鼠（eastern grey kangaroos）或麝牛（muskox）也沒有顯示明顯的側向偏好。有些動物甚至偏好朝右抱幼崽，包括盤羊（argali）和紅袋鼠（red kangaroo）。[43～46]

說明至此，我希望讓讀者相信存在跨文化、甚至跨物種的左抱偏好。更令人驚訝的是，這似乎不是後天習得的。如果我們把剛出生的嬰兒，交給從未抱過嬰兒的十幾歲男孩，他很可能會將嬰兒抱向左邊。為什麼呢？這是很大的謎團。索爾克最初指出，這樣可以讓孩子貼近母親的心，此種說法簡單易懂，非常吸引人。然而，自從他的動物園之旅後的五十多項研究所積累的證據，並未強力支持這個論點。

另一種可能性是，朝左抱可以增進嬰兒和父母彼此間的親密感。將嬰兒放在父母的左側空間和左側視野中，可以讓右腦受到更多的刺激。這樣的姿勢也讓孩子容易看到父母左側臉部，而第六章將會指出，向左的姿勢比向右的姿勢更能激起情緒。這種解釋雖然比「母親心跳」理論稍微笨拙，卻能更好地解釋這個領域的許多（但不是全部）研究結果。它確實更能合理解釋為何母馬要將小馬置於左側，尤其是受到威脅時。它還有助於解釋為何憂鬱的母親不太可能朝左抱孩子，或者為何有自閉譜系疾患者不太願意親近嬰兒，也不太可能把嬰兒抱在左側。

重點 Takeaways

總體而言，這種模式向我們表明，將嬰兒抱向左側的偏好並非人類獨有。其他靈長類動物和哺乳動物也廣泛存在這種現象，或許是因為這種抱姿更能讓動物母子感知彼此和增進情感。我們該怎樣抱寶寶呢？正確的方式應該抱在左側。

第 6 章

擺姿勢：
秀出最迷人的半邊臉頰

誰能正確看見人臉：攝影師、鏡子或畫家？

——畢卡索（Pablo Picasso）

你可能聽過一則老掉牙的笑話:「當你開始看起來像護照上的照片時,就該回家了。」[1] 還可以找到很多這個笑話的其他版本,結尾是「你可能需要去旅行了」,或者「你病得太重,無法旅行了」,但這些都暗示同一件事:你的護照照片可能看起來很糟糕。護照照片幾乎都很難看。不要微笑,不要戴帽子,不要戴眼鏡,不要讓其他東西遮住臉部,要直視鏡頭,然後卡嚓一聲,照片出爐!這是一張會跟著我們很多年的照片。前往交通部辦理證件或擺姿勢拍員工證時,拍出來的相片也很相似。拍照時直視相機,拍不出比本人更好看的相片。

如果我們上 Facebook 瀏覽朋友的大頭照,或者打開最喜歡的約會軟體尋找對象,我們會發現人們很少以正臉拍照,總是會把臉轉向一側。習慣擺姿勢拍照的名人經常會誇大這種側偏好。只要上 YouTube 瀏覽最近一場頒獎典禮的明星走紅毯片段,便會發現名人擺側臉的姿勢幾乎與人工日晒膚色和虛假微笑一樣明顯。

本書探討人類行為的側偏好,而擺姿勢拍照就如同其他案例,並不是左偏和右偏概率均等的行徑。如果擺姿勢的方向是隨機的,那麼我們非正面的自拍照或側臉照應該有50％顯示右臉頰,另外50％的照片則顯示左臉頰。然而,事實並非如此。多數人的臉部照片都是露出左臉頰,包括最著名的肖像畫《蒙娜麗莎》(參閱下頁圖22)。這些圖像可能是某位大師的手繪作品,具有數百年歷史;也可能是某位青少年在商場隨意拍攝的最新自拍照。無論圖像是手工繪製、用專業相機拍攝,或者以手機捕捉,這些都沒關係。以左臉示人的偏好甚至可以在硬幣上找到蛛絲馬跡。當英國皇家鑄幣廠(British Royal Mint)向愛德華八世國王(King Edward VIII,他當時被封為溫莎公爵〔Duke of Windsor〕)提交設計時,愛德華拒絕了展示右臉的設計,因為他認為自己左臉的五官「更好看」。[2] 唯有在非常特殊的情況下,我們才會在一組照片中發現右臉示人的偏向。本章末會講述這些情況。那麼,這到底是怎麼回事呢?拍照時我們為何要以左臉示人?

查爾斯・達爾文(Charles Darwin)率先指出,人們表達情感時會展現左側偏好,尤其是露出更具攻擊性的表情(譬如冷笑)時,通常會露出左側的犬齒。1872年,達

圖 22：李奧納多・達文西的《蒙娜麗莎》，展示了肖像畫中左臉示人的偏好。

爾文出版了《人與動物的情感表達》（*The Expression of the Emotions in Man and Animals*）[3]，這部作品顯然被他更著名的著作《物種起源》（*On the Origin of Species*）[4]蓋過了鋒頭。然而，他對於情感的研究啟迪了無數的科學研究。其中比較著名的例子是，美國心理學家保羅・艾克曼（Paul Ekman）的一系列研究。[5] 在艾克曼展開研究前，科學家普遍認為人類透過手勢、言語和表情，學會了如何相互交流，並且不同的文化在語言和交流方式（包括面部表情）方面，會有極大差異。[6] 語言和文化確實是後天習得的，但某些行為似乎是人類與生俱來的。

艾克曼研究巴布亞紐幾內亞（Papua New Guinea）某個與世隔絕的部落時發現，即使是在地理和文化上與外界隔離的民族，也會表現出與其他種族完全相同的面部表情。他描述了常見的情緒及其相應的表情，包括快樂、驚訝、悲傷、憤怒、厭惡、輕視和恐懼（請參閱下圖23）。這些基本的情緒表達已經被廣泛研究，許多不同的研究小組在實驗室進行過大量實驗，發現左臉比右臉更能表達情緒。[7~11] 這是因為右腦主導情緒處理，較能控制左半邊臉（下半部分的三分之二）。[12]

快樂　　憤怒　　厭惡　　悲傷　　恐懼　　驚訝

圖23：人類學家保羅・艾克曼描述的六種普遍的表情。

在英國劍橋大學，克里斯・麥克麥納斯（我的學術導師和前主管）和尼可拉斯・漢弗萊（Nicholas Humphrey）[13]，率先指出各種著名肖像畫表現出左臉示人的側偏好。他們研究了倫敦國家肖像館（National Portrait Gallery）和劍橋菲茨威廉博物館（Fitzwilliam Museum）收藏的 16～20 世紀期間創作的 1,473 幅正式肖像畫，同時研究了幾本肖像選集（請參閱下頁圖 24）。多數繪畫中的人物都擺出頭向右轉的姿勢（露出左臉頰），這種效果在女性（68％展示左臉頰）身上比男性（56％展露左臉頰）更為突出。請留意男性和女性之間的差異，因為它很快又會出現，本章末將再度提及這點。

為什麼畫肖像時往往要突出左臉頰？首先，讓我們回顧一下「技術層面」的解釋，它專注於藝術家而不是畫中人物。想像一下，荷蘭畫家約翰尼斯・維梅爾（Johannes Vermeer）在《繪畫藝術》（The Art of Painting）中描繪的場景（請參閱第 124 頁圖 25）。慣用右手的畫家通常會讓描繪的模特兒位於左側，以免畫架或畫布遮住繪畫對象。如此一來，畫家會將左半邊的臉展示給對方看，而對方相應之下也會露出左臉頰。

圖24：詹姆斯一世（James I）和伊莉莎白一世（Elizabeth I）的肖像。詹姆斯展示右臉頰，伊莉莎白則露出左臉頰。

還有另一種可能是，與藝術家的慣用手有關。儘管近代許多著名藝術家都是左撇子，但絕大多數還是右撇子。右撇子可能更容易畫出面向左邊的臉部輪廓，如同右撇子更容易從左往右寫字一樣。

如果這些解釋無法讓人信服，那也不足為奇。這兩種解釋都不能解釋這種側偏好的性別差異，也就是女性更傾向於展示左臉頰。此外，如果藝術家的用手習慣導致繪畫對象的側臉偏好，那麼若藝術家習慣用另一隻手，繪

圖 25：維梅爾的《繪畫藝術》描繪了右撇子畫家通常會讓繪畫對象位於左側。

畫的對象應該會換成展示另一邊臉。許多知名畫家都是左撇子,包括達文西、林布蘭(Rembrandt)、米開朗基羅(Michelangelo)、拉斐爾(Raphael)、小漢斯・霍爾班(Hans Holbein)、艾雪(M.C. Escher)、梵谷和彼得・保羅・魯本斯(Peter Paul Rubens)[14];然而,有人曾研究這些藝術家畫肖像所表現的側偏好,發現他們跟右撇子一樣,同樣傾向於描繪左臉示人的畫像。例如,拉斐爾70%的肖像畫展示左臉頰,霍爾班57%的肖像畫也展示左臉頰。因此,藝術家的用手習慣不太可能是促成左臉示人的原因。

除了計算舊畫作中人物展示哪一側臉頰的數量,另有一種方法可以排除這種「技術層面」的解釋。我們可以研究用相機拍攝的肖像。無論是用專業相機(通常雙手握住)或者手機(通常單手握住)拍攝的照片,都存在以左臉示人的偏好。在這些情況下,它顯然與繪製臉部輪廓曲線或畫架位置無關。此外,與繪畫相比,用相機拍攝的女性肖像更傾向於展示左臉頰,這就表示還受到其他因素影響。那是什麼呢?如果左臉偏好不是輸出效應(亦即技術層面導致的偏好),有可能是輸入效應嗎?

也許人們更喜歡欣賞左臉的肖像畫。換句話說，這或許是一種感知（perceptual，知覺的）效應。有一些右腦區域，例如右梭狀臉孔腦區（right fusiform face area，簡稱 rFFA），似乎專門處理看起來像臉部的圖像，包括確認人臉表情。[15] 當我們認為自己從浮雲、燒焦的烤起司三明治或拿鐵咖啡泡沫中，看到一張臉時，這也是大腦內 rFFA 被激發的結果。大腦的這個區域似乎一直在問：「臉在哪裡？臉在哪裡？臉在哪裡？」一整天問個不停。[16]

在實驗室中，很容易證明人在感知臉部時，會更加注意左臉頰（它位於右側視野中）。請參閱下頁圖 26 的嵌合臉，它是由中間切開的兩張圖片所構成的合成影像。圖像甚至不必是同一個人。嵌合臉可以來自兩個人，甚至可以由同一人的兩種表情組成。如果這些看似怪異的組合臉孔在螢幕上短暫閃現，人們通常會辨識出呈現在右腦的臉孔，也就是左臉頰。以左臉頰示人的姿勢，可將更多的臉部特徵暴露給觀看者的右腦，使得臉部更容易被辨識。[17] 左臉頰的樣子甚至會比右臉頰的樣子更快被辨識出來。[18]

左臉頰偏好的規則有幾個有趣的例外。其中之一就是自畫像。如果我們調查博物館的藝術收藏品時，只挑選藝術家的自畫像,你會發現他們往往會露出右臉(請參閱下頁圖27)。這種對於正常偏好的反轉情況,可以在15～19世紀的肖像畫中找到[19、20],但是當人們運用現代攝影技術時,這種情況似乎在20世紀就消失了。那麼,15～19世紀之間到底發生了什麼事?這些自畫像是如何畫出來,為何畫中人物沒有展現以左臉頰示人的正常傾向呢?

圖26:嵌合臉的例子。如果這張照片在觀看者注視圖像中央的同時短暫閃現,他們通常會辨識／記住圖片的右側(描繪的是左臉頰)。

鏡子及其引起的反轉鏡像，幾乎肯定是部分原因。如果畫家在鏡子前擺姿勢並採取「正常」的左臉頰示人姿態，鏡像就會將更靠前的左臉頰呈現在空間的右側，而在自畫像中就會複製反轉鏡像。因此，若反推一下，我們在某些早期的自畫像中，看到的右臉頰效應其實可能反映了鏡中的左臉頰側偏好。此外，在15世紀時並沒有自拍設備，你不妨想像一下當時創作自畫像的方式。右撇子畫家創作自畫像時會將鏡子放在左邊，以便清晰地看見鏡子，

圖 **27**：畢卡索15歲時的自畫像，畫中顯示右臉頰，而非肖像中通常以左臉頰示人的情況。這是因為畢卡索是對著鏡子畫自己的面容嗎？

還不會妨礙繪畫的右手,在他們舉起手繪畫時也不會遮擋到鏡子。

對於這種反轉情況,還有一些更複雜的解釋。由於臉部的情緒表達是由右腦主導,因此左側臉更能表達情緒。藝術家在畫自畫像時,可能是在描繪更有表現力的那半張臉——左臉,而在鏡子中看起來就成了右臉!

自畫像過去很少見。如今一般青少年一天可以自拍十幾張,但我們不把它們稱為自畫像,而是叫做「自拍照」。有人研究過Instagram和其他平台的自拍照,發現人們有左臉示人的偏好[21],但這種效應似乎取決於拍攝照片的方式。在一項大型調查中,涵蓋了五大城市(紐約市、聖保羅、柏林、莫斯科和曼谷)[22]共3,200張的自拍照,義大利研究小組從每個城市各挑選了640張自拍照,從中尋找左臉示人或右臉示人的側效應,但都沒有發現這類側偏好。當這些義大利人遍覽全部3,200張自拍照時,未曾發現有左臉或右臉示人的傾向。然而,自拍照風格對露出哪邊的臉頰影響甚大。當人們對著鏡子自拍時,往往會露出右臉(70%的情況)。「標準自拍」(沒有鏡子)則呈現相反結果——他們會露出左臉頰,但比例差異不大(53%

的情況）。這種效應在不同性別和五個城市之間相當一致，唯有在曼谷女性和柏林男性中才能看出細微變化。

到底是怎麼回事？無論哪種文化背景，人們似乎都偏好展露左臉。雖然鏡子確實會讓事情變得混淆，但它們無法扭轉人們的偏好，只是反轉了側偏好的呈現方式。你可以在網站 selfiecity.net 上公開擷取研究人員使用的 3,200 張自拍照。任何人只要想驗證自己的預測，都可以運用這個資料庫。

某些特殊情況下，典型的左臉示人偏好會消失。學者若要拍攝正式的照片，不會表現出典型的左臉示人傾向。根據一項針對英國皇家學會（Royal Society）成員正式肖像進行的研究，左臉頰示人的偏好消失了[23]，但同一個研究小組在其他肖像收藏中卻發現了這種偏好，例如國家肖像館的館藏就透露這種傾向。這可能是因為科學家希望表現出冷靜和理性，進而擺出更為右偏的姿態。這種策略似乎奏效了。荷蘭萊頓大學（Leiden University）動物行為學教授卡瑞爾・坦・凱特（Carel ten Cate），研究過人們如何看待科學家的肖像。他讓民眾檢視 1710～1760 年之間繪製的教授肖像，然後評斷這些教授看起來有多麼「嚴謹專業」。[24] 果不其然，受測者認為，左臉頰示人的教授沒有右臉頰示人的教授那般嚴謹專業。巧妙的是，凱特還展示了鏡像反轉的肖像畫，以確保左臉頰和右臉頰的照片在視覺上沒有任何不同，但這對受測者絲毫沒有影響。無論肖像是不是鏡像反轉，右臉頰肖像都會讓人感覺更為專業嚴謹。

圖 28：在 2002 年研究中，卡瑞爾・坦・凱特使用的烏特勒支大學（University of Utrecht）教授的肖像。左邊是霍克（Houck）教授右臉示人的肖像，在「嚴謹專業」上獲得了很高分。右邊是韋塞林（Wesseling）教授左臉示人的肖像，他在「嚴謹專業」上得分較低。

說句實話，你甚至不必是真正的科學家，就能擺出一副嚴謹專業的模樣。澳洲研究小組[25]讓人們擺姿勢拍照，巧妙玩弄了上述學者肖像的研究。這些拍照者被告知：「你是成功的科學家，正處於生涯頂峰……你剛剛榮膺英國皇家學會會員，受邀為學會館藏提供一幅肖像……你要給人一種聰明幹練、思維清晰的印象……盡量不要表露任何的情緒。」[26]接受這種指示的那組人拍照時傾向於展示右臉頰，與正常的左臉示人效應相反。這種反常現象或許是人為因素所造成？但顯然不是。在同一項研究中，要求另一組人表露情緒，並且被告知「你有一個親密的家庭……你要出國一年，想拍一張照片給家人留念……你要在照片中盡量注入更多的真實情感和激情。」[27]在這種情況下，受測者會展示左臉頰，如同我們期待充滿情感的肖像該展露的偏好。

日本研究人員最近又巧妙調整了這項研究。[28]他們想知道拍照者是否意識到自己傾向於以某種方式擺姿勢。研究人員使用同樣的兩個條件（一是拍全家福照片時要表達情感，二是展現科學家冷靜的態度），最終重現了原來的結果。接著他們調查受測者是否意識到自己的側偏好，還是只是他們無意識情況下的一種直覺習慣。有趣的是，志願參與這項研究的學生完全沒有意識到自己的偏好，也沒有意識到他們拍攝的肖像類型如何影響他們的選擇。

總體而言，這些研究告訴我們，當人們想要在照片中表露情感時，會傾向於展示左臉頰。因為左臉頰更能傳遞情感，並且由右腦（比較情緒化的那一半）主導。當人們想要隱藏情緒或表現冷漠時，就會展露由情緒較少的左腦所控制的右臉。

在現實世界中不時見到有人刻意擺姿勢，做法林林總總，十分有趣。如果我們比較不同學科的學者，會發現英語教授比科學家更可能擺出左臉頰。[29] 假使對比男醫生和女醫生，女醫生會比男醫生更偏好展示左臉。[30] 甚至我們向人們展示一張學生的照片，讓他們猜測這位學生的學術專業（提供化學、英語或心理學的選項），露出右臉的學生更有可能被認為主修化學，而展示左臉的學生則更容易被認定為英文系。[31]

截至目前為止，我們一直假設人們在各種情況下的行為都是一致的，但這當然不是真的。人類行為總是取決於具體情況，擺姿勢偏好也不例外。最常看到描繪殘酷和痛苦最強烈的作品，也許是耶穌被釘在十字架上的圖像。基督教非常強調耶穌死亡之際遭受的恥辱和痛苦，並且留下許多文獻，記載他在死亡時曾如何遭受公眾嘲笑和奚落。藝術家該如何呈現這種令人悲痛萬分的場景呢？

通常在肖像畫中看到的左臉示人傾向，在耶穌上十字架的圖像中被極度誇大了。最近有人研究過符合入選標準的圖片（面部朝前的圖畫，不是浮雕或由其他媒介製作）時發現，90％的耶穌受難圖都顯示他露出左臉頰[32]，這種側偏好的落差遠高於同一時期的類似肖像。藝術家或許誇大了正常的左臉示人傾向，試圖放大在這種至痛時刻的情感流露。

除了這些與大腦相關的解釋外，還可以考慮《聖經》的說法。在耶穌被釘十字架的許多圖像中，可見聖母瑪利亞站在十字架下，位於耶穌的右邊。耶穌向右轉頭和露出左臉，也許是耶穌要看瑪利亞。另一種《聖經》的解釋，與耶穌和瑪利亞合體的其他肖像有關。在描繪瑪利亞抱著嬰兒耶穌的圖像中，她通常將耶穌抱在左臂上，讓耶穌的左臉朝外。或許耶穌受難圖像只是與耶穌幼年的繪畫相符

圖29：耶穌被釘十字架。在耶穌上十字架上的圖像中，90%都顯示左臉。

合而已。

　　也可能不是這樣。如果不探討耶穌被釘十字架之後描繪耶穌復活的畫像，那麼，描繪耶穌生平的藝術品研究就不算完整。在一項後續研究中，先前分析耶穌受難畫像的同一美國研究小組，從世界各地畫廊收集了數百張耶穌復活的圖像，並提出問題：「復活的耶穌圖像展示左臉或右臉？」[33]

在耶穌受難圖像中,有90％是展示左臉,但復活的耶穌圖像卻不同,雖然仍有展示左臉的傾向,但比例較低:49％呈現左臉頰,21％正面描繪耶穌(請參閱下頁圖30),30％展示右臉頰。[34] 為何左臉示人的效應在這些場景中如此薄弱?也許耶穌復活要展現「正向」情緒,與耶穌被釘十字架的悲傷情緒有所不同,這樣或許能夠提供說法。正如〈序言〉所示,右腦在情緒處理方面占主導地位,尤其是負面情緒。左腦可以表達更多正面情緒,而耶穌復活屬於更為「正面」的情況,足以反映為何會有側臉偏好的轉變。

我的研究小組曾經比較各種宗教人物,藉以研究宗教藝術中的擺姿偏好。[35] 不同的宗教表達情感時差異甚大。有些人認為,在日常生活和宗教表達中展露強烈的情感非常重要,這種觀點與《希伯來聖經》(Hebrew Bible)和整個基督教的靈恩運動(charismatic movement)有關。[36] 宗教的冥想傳統採取了非常不同的方法表達情感,其中心平氣和是宗教體驗的關鍵部分。佛教講究冥想,所以我們比較了佛陀與耶穌的圖像,看看基督教常見的情感描繪是否會在描繪佛陀的藝術中消失。正如所料,與耶穌相比,

圖 30：復活的耶穌被描繪成正面朝前。

佛陀更常被描繪成正面朝前（沒有展示左臉的偏好，可參閱下頁圖 31）。

我們若在探討擺姿偏好時，納入討論寵物圖像，可能顯得愚蠢，甚至瘋狂至極。畢竟，當相機對準狗、貓或青蛙時，牠們真的會擺姿勢嗎？儘管 YouTube 上有一些有趣且可能誤導人們的例外情況，但寵物應該不知道自己正被拍攝，而且更不可能的是，狗的右腦在處理情緒上占主導地位，以至於被人拍攝時露出左臉頰。

然而，寵物照片卻可以透露某些訊息：飼主的偏好。我研究團隊裡的學生曾經抽樣調查狗、貓、蜥蜴和魚的圖片，並將這四種非人物種與人類嬰兒的圖片進行比較。[37]

圖 31：佛陀正面朝前的圖像。

為何選嬰兒？因為，和那些為了懸掛在皇家學會大廳照片而擺拍的成年人不同，嬰兒很可能不知道照片的用途，即使他們知道相機和照片是什麼。就像世界各地畫廊裡那些滿是灰塵的老人畫像一樣，現代的嬰兒照片也表現出同樣的左臉偏好。那麼貓和狗呢？狗的照片傾向於突出左側臉，但從貓的圖像中卻沒有觀察到這種偏好！這真是令人驚訝……貓咪確實是我行我素，想做什麼就做什麼。至於魚和蜥蜴呢？看不出側偏好。

重點 Takeaways

下一次我們拍照時該如何擺姿勢？或者發布貼文時，我們該選擇哪張自拍照？如果想要表露情緒、顯得平易近人以及為人和善，應該轉頭露出左臉。假使我們要表現出冷漠、客觀，甚至超然脫俗，應該正臉朝前，甚至露出右臉。有時候，要擺出「正確的」（right，雙關語）姿勢，就是擺出左臉示人的姿態。

第 7 章

光源偏好：
我們調對燈光了嗎？

繪畫的本質是光源。

——法國畫家安德烈・德蘭
（André Derain）

有句耳熟能詳的老生常談告訴我們，一張圖片勝過千言萬語。我們手邊若有一張照片，那就太好了。將圖片轉化為文字描述可能很困難。如果用文字解釋人腦如何將兩張模糊且不完整的平面視網膜圖像，轉變為無縫、清晰且完美銜接的三維圖像則更加困難。我們的大腦擅於建構影像，腦中的大量神經區域專門負責處理這項工作。然而，實際到達視網膜的圖像通常可用多種方式解釋，但我們通常不會受到任何一種解讀方式的影響。我們會以一種穩定且連貫的方式感知視覺場景（visual scene），而不是根據模糊數據的各種合理解釋間來回切換。但這並不意味著我們「看到」的東西真實存在。

馬克・吐溫（Mark Twain）講述記憶力時說過一句名言：「我記憶力好沒什麼好驚訝的，我記住的事情跟我記錯的事情一樣多。」[1]人有記憶錯誤，馬克・吐溫對此事的思考超越同時代的人，而這點也可以套用到視覺。我們「看到」了很多實際上並不存在的東西，也無法辨別許多真實存在的事物。然而，我們早已知曉這一點。只要瀏覽過視覺錯覺圖或看過魔術表演，很快就會知道人的視覺系統有多麼容易出錯。視覺系統非常容易被欺騙，它之所以能創建完美銜接的視覺世界，通常都是根據一些非常簡單的假設與計算邏輯。

透過雙眼看到的訊息彼此會有偏差，假使沒有根據這些假設，很難消除歧異之處。請先看看下圖32的球體圖，哪一個是凸的（向外伸出），哪一個是凹的（向內推進）？

圖32：兩顆相同但旋轉的球體。一個看起來是凸的，另一個看起來是凹的。

這是一個很讓人迷惑的問題，因為這兩個球體其實是完全相同的圖像，只是彼此相對旋轉了180度。沒有任何一個是凹的或凸的，但幾乎所有人都認為左邊是凸的，右邊是凹的。為什麼？因為我們會假設，在所有條件相同的情況下，光源通常來自上方。[2] 這項假設，最初是由倫敦皇家學會植物學和化學教授菲利普・弗里德里希・格梅林（Philip Friedrich Gmelin）於1744年提出。而在大多數情況下，這個假設是成立的，但仍有例外。[3] 除非我們站在山頂上，或是看到反射自水面或雪面的光，否則自然光通常是從頭頂照下來的。即使是人造光源也往往來自上方。我們通常會將家裡的燈安裝於天花板，而不是地板上。但離開了我們的家園（或星球），這些假設就不一定成立了。請看下頁圖33，有兩張同一個月球隕石坑的影像。只要光線從上方照射下來，下半部的影像看起來像一個隕石坑，但上半部的影像似乎就像月球表面的小山丘。

陰影，只是我們大腦利用二維視覺資訊重建三維空間的一種方式。其他線索還包括：插入的事物（一個物體遮擋另一個物體）、雙眼視差（左右眼接收到的影像的細微差異）和線性透視（線性透視在遠處聚合的方式），也都能提供深度線索，甚至兩個物體之間的相對運動（稱為動態視差〔motion parallax〕）也能給出提示，讓觀看者得以掌握物體的相對距離。然而，本章的多數內容不會探討

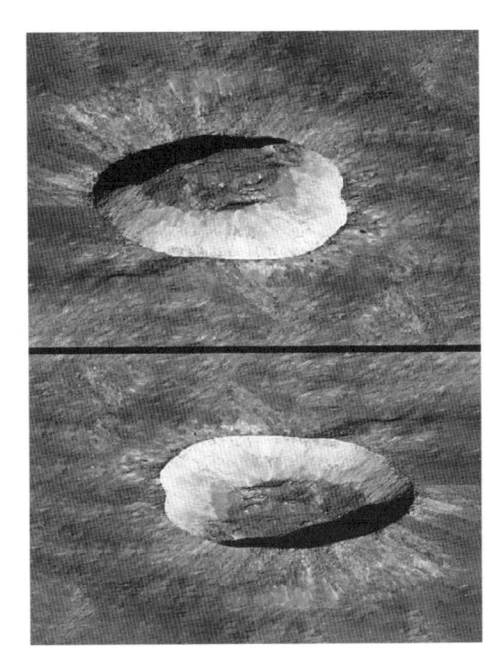

圖33：一張月球隕石坑旋轉180度的圖片。假設光源來自上方，則上半部的影像看起來像一座小山，下半部的影像則看起來像月球表面的隕石坑。

深度感知，而是著眼於光線和陰影，特別是人的側偏好和假設。

我們的視覺系統會假設光線來自上方，這點應該不會讓人震驚。畢竟，地球上的所有物種，甚至是夜行性動物或生活在暗無天日海洋深處的物種，都是依靠頭頂光源進化。然而，本書研究的是左側偏好和右側偏好，因此我們應該預料到會有光線方面的側偏好，而且確實存在這種偏好。人類傾向假設光源不僅來自上方，而且也來自左側。這種傾向可從著名藝術作品的實地研究，以及第 154 頁圖 37 陰影氣泡的實驗室研究中得知。古老地圖上甚至會透露我們對光照的左側偏好。人類老早便嘗試在二維圖像中創造深度感，有時甚至是極為重要的事。例如，早期的製圖師（cartographer）曾苦思如何在二維繪圖中描繪不平坦的地形，因此，早在 15 世紀便習慣將山的陰影畫於右側，暗示光源來自左側（請參閱下頁圖 34）。

在日常生活中，照亮道路的光源可能一半來自右上方，一半來自左上方。然而，如果我們調查巴黎羅浮宮、馬德里普拉多博物館（Prado）和帕沙第納（Pasadena）以及加州諾頓·西蒙博物館（Norton Simon Museum）的名畫，便會發現它們往往描繪了從左上角被照亮的場景或人物。[4] 例如，羅浮宮收藏了小法蘭斯·弗蘭肯（Frans Francken，約 1615 年）的創作《命運的寓言》（Allegory of Fortune），請參閱第 148 頁圖 35。圖中的光源清晰且偏左（可以清楚看到左上角的太陽）。其他作品的光源則不太明顯，必須靠陰影推斷。

圖 34：製圖師制定了一種慣例，利用來自左上方的假定光源對高度變化造成的陰影，在二維圖像中描繪深度。本圖是以數位方式描摹的現代圖像，但這項慣例早在 15 世紀便已出現。

圖 35：小法蘭斯‧弗蘭肯的創作《命運的寓言》，現藏於巴黎羅浮宮。

珍妮佛‧孫（Jennifer Sun）和彼得羅‧佩羅納（Pietro Perona）[5] 研究了 225 幅大師畫作。他們讓兩名不知情的獨立評估者（一名是左撇子，另一名則是右撇子），各自使用量角器判定每件作品的主要光照角度。在各個時期和各種畫派的作品中，對左上方光源的側偏好強烈且一致。從文藝復興時期到巴洛克時期，再到印象派時期，這種偏好一直存在於古羅馬鑲嵌畫（Roman mosaic）中。

在某些宗教藝術中，光源方向的左偏好也很明顯。[6]在一項針對拜占庭和文藝復興時期耶穌受難和「聖母與聖嬰」的繪畫研究中，左傾偏好表現得更加強烈。在我們的實驗室中，曾使用幾種方法研究了藝術作品中的左側光源偏好。首先，我們使用了一種非常簡單的方法來研究相對簡單的藝術。我們盡量在網路上收集光源明確的兒童畫作。每幅畫作必須有太陽。當我們收集到五百多幅截然不同的畫作後，便根據光源位置替它們編碼。結果發現了什麼？在超過三分之二的情況下（68％），孩子們傾向將太陽畫在頁面的左上角。

一項後續的研究稍微複雜一些。[7]我們想知道：左側光源效應是否存在於成年人創作的抽象圖像中，因為這類繪畫缺乏肖像畫或風景畫的典型元素。抽象圖像中的光源往往難以識別、甚至無法識別，所以必須以巧妙的手段找出光源的側偏好。我們設計了一個由滑鼠控制的「虛擬手電筒」程式，讓人們把聚光燈放在他們喜歡的地方，在電腦螢幕上照亮作品藉以探索抽象畫。我們指示受測者，請他們「將虛擬手電筒放在你認為能讓畫作看起來最具美感的位置。」為了避免挑選的抽象畫本身就存在側偏好，例如：將更有趣或更引人注目的元素放在左上象限內，我們不僅會正常呈現每張圖畫，也會呈現其鏡像反轉的圖像。受測者觀看了一組隨機挑選的原始圖像及其鏡像反轉圖像。每次我們展示一幅抽象繪畫時，他們都會以看起來最棒的方式「照亮」這幅畫。結果發生了什麼事呢？

即使在這些抽象圖像中，他們也會選擇將燈光打到左上角。平均而言，受測者看了40張圖像，除了6張圖之外，其他都選擇了左上象限。由於抽象藝術一直存在左側偏好，我們知道風景畫或肖像畫中的左側傾向並不依賴作品中明確的具體圖像。也就是說，有一種更為根本的偏好在起作用。

隨便觀看一幅畫時，我們很難確定預期的光源位於何處。有些畫作（例如《命運的寓言》）的光源非常明確，可以看到太陽位於左上角。但在其他繪畫中，則需要根據陰影推斷光源。在大多數情況下，我們的研究要求受測者判斷他們認為的光來自哪裡，但這種方法會有一個問題。正如本書指出，人類有側偏好的認知和行為，因此這些偏好絕對有可能影響研究結果。即使由我主導的研究也存在同樣缺陷。既然如此，該怎麼消除人工評估時潛在的混淆因素？我們可以透過電腦和出了名難用的影像處理軟體MATLAB（在此向位於麻薩諸塞州內蒂克〔Natick〕、MATLAB的開發商——邁斯沃克〔MathWorks〕致歉），做到這一點。

來自日本和加州的科學家所組成的研究小組，設計了一項非常巧妙的方法研究攝影的框架構圖。[8]研究人員讓受測者在三種條件下，拍攝了一萬二千多張照片：

（a）白天在戶外拍攝，要求受測者「不要刻意」構圖（在控制條件下，受測者每拍攝下一張照片前要旋轉45度）；

（b）白天在戶外拍攝，要求受測者刻意構圖；

（c）在室內使用人工光源，要求受測者構圖。

如果人們對光源來自左上角的圖像有種自然偏好，這種偏好應該會出現在（b）和（c）的條件下；但在（a）條件下不會出現，因為這時照片是「隨機」構圖的。

研究人員沒有讓受測者判斷圖像的光源，而是對數千張照片進行光譜分析（spectral analysis），在這三種條件下產生所有照片的「平均」影像。正如預測的那樣，在兩種「框架構圖」的條件下（b和c），照片的光照梯度一致向左傾斜，在室內拍攝的照片更是向左傾斜九度（請參閱下圖36）。

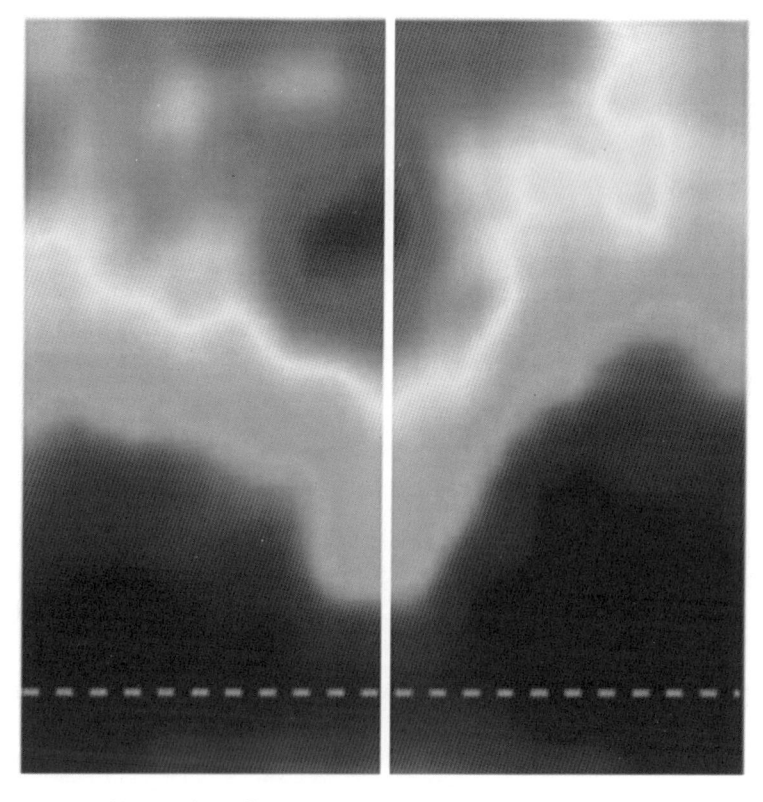

圖36：數千張室內「刻意構圖」照片的平均光照分布偏差，顯示有左上角光照的偏好。虛線代表地平線，垂直線代表照片的中心。請注意，光源傾向於正中心的上方和左側。

截至目前為止，我們已經探討了肖像畫或風景畫，甚至抽象藝術也討論過了。這些圖像大多都非常複雜，包含了許多不同的視覺元素和顏色，抽象作品尤其如此，而且這些元素有不同的詮釋之道。然而，非常簡單、幾乎只有一或兩種詮釋方式的圖像，其左側光照偏好依然非常明顯。讓我們回頭看看第 143 頁圖 32 中兩個球體，一個是凹的，另一個是凸的。事實上，這兩張圖像只是將同一個影像旋轉了 180 度，但如果不將它們旋轉那麼多呢？如果光源看起來不是直接來自頂部或底部，而是來自側面呢？

珍妮佛・孫和彼得羅・佩羅納[9]使用了一組陰影氣泡（請參閱下頁圖 37），請受測者找出與其他氣泡不匹配的某個氣泡。他們原本以為，當整個光源來自正上方時，受測者會最快找到「奇怪」的氣泡，但事實並非如此。反之，當光線來自左上角偏離中心約 30 度時，人們最容易發現這顆奇怪的氣泡。其他研究人員採用稍微不同的方法（具有平行突出條紋的平面圖像），也發現了幾乎相同的結果。[10] 在那項研究中，受測者更偏好向左偏 26 度的光照。

受到圖 32 的啟發，我們在自己的實驗室裡嘗試了一

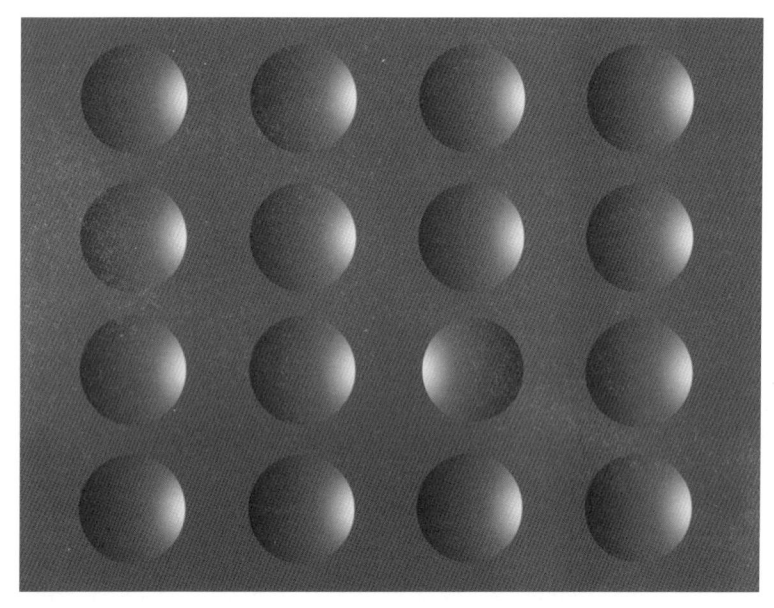

圖 37：圖中有一堆氣泡，主要從某個方向（本例是從右側）照亮。受測者必須找出與其他氣泡不匹配的「奇怪」氣泡。

些非常簡單的方法。如果從上方照明，球體看起來是凸的；從下方照射時，球體則像是凹的，那麼光線若是從側面照射，會發生什麼事？我們使用了幾對球體，將每組照明角度相差 22.5 度，然後讓受測者判斷哪個球體看起來是凹的。正如研究名畫者所預料，人們對從左側照亮的圖像表現出偏好。左側打光的球體看起來是凸的（與從上方照明的情況一樣），而從右側照明的球體是凹的。

我可以引述其他許多關於氣泡的研究，但絕大多數（儘管不是全部）[11]都發現了我先前描述的相同光源偏好。[12]有些人發現，慣用手和頭部歪斜等因素會調節光源偏好，但無法反轉或消除這種側偏好。從左側照亮的物體甚至比從右側照明但鏡像反轉的相同物體，看起來「更亮」。[13]對「真正的」三維藝術雕塑類的研究很少，而且迄今為止，研究結果好壞參半。[14、15]

截至目前為止，我們提到的研究幾乎都來自西方世界。西方人感知到的西方肖像、藝術和廣告，顯然有左側照明的偏好。然而，第三章指出，個人的母語閱讀方向（native reading direction，簡稱NRD），可能會顯著影響日常行為的側偏好。本書以英文撰寫，閱讀時要從左到右。歐洲、北美、南美、印度和東南亞的大多數現代語言，都是從左向右書寫。然而，有些常見語言是從右向左閱讀的，包括阿拉伯語、阿拉姆語、希伯來語、波斯語／法爾西語和烏爾都語。對於母語閱讀從右到左的讀者來說，光源偏好是否可能與從左到右閱讀的西方讀者不同？

我們可以再次使用凸／凹氣泡來回答這個問題。如果我們製作一組氣泡（圖像看起來有點像雞蛋盒），但將其中一顆泡泡用「錯誤」（也就是不同）角度「照亮」，那個「奇怪」的氣泡就會脫穎而出。讓我們再次看看第154頁圖37。第三行、第三列的氣泡是奇怪的。根據迄今為止的多數研究，受測者找出從左上角照亮的奇怪氣泡時，會比找出從右上角光照的氣泡要快得多。然而，這也有例外。希伯來語是從右向左閱讀的，所以希伯來語讀者通常會表現出較低比例的左側光源偏好，甚至會出現右側光源偏好。[16、17]

由於有這種偏好的反轉案例，我們想知道一個人對從左或右照亮的物體偏好，是否也會隨著其母語閱讀方向而改變。在我的實驗室中，我們分別向從左到右和從右到左閱讀的讀者，展示了從某側打光的圖像以及同一場景的鏡像反轉圖像（請參閱下頁圖38）。研究中，我們不僅要求受測者告知他們喜歡哪張圖像，還使用紅外線眼睛監測設備，觀測他們在比較圖像時注視螢幕的位置。

習慣從左到右閱讀者看螢幕左側的時間比右側要多得多，而且他們更喜歡從左側打光的圖像。從右到左閱讀的讀者並沒有表現出完全相反的模式，但也很接近。他們會花更多的時間看影像右側而非左側，並且對左側打光圖像

圖38：左側打光和右側打光的假廣告。我們詢問學生更想購買哪種產品，他們選擇了從左邊照亮的產品。

的偏好消失了，但沒有出現相反的側偏好。

截至目前為止，我們知道多數人：

（1）傾向於假設光線來自左上角；
（2）傾向於創作左側光源為主的藝術作品；
（3）對從左側打光的物體反應較快；
（4）認為左側打光的物體看起來比較亮；
（5）更喜歡從左側照亮的物體。

然而，在現實世界中，這些側偏好的認知會如何影響我們呢？

我們在古老畫作中看到的左側光照偏好，在現代印刷廣告中也很明顯。我的研究團隊曾調查過 2,801 幅整版廣告，發現 47％的廣告從左側打光，33％從右側打光，21％則從中央打光。[18] 上一章討論了肖像和廣告中常見的姿勢偏好，大多數人在這兩種照片中都會展示左臉。擺姿勢和光源偏好會相互影響，也就不足為奇了。展現右臉姿勢的廣告往往配上來自右側光照，反之亦然。

儘管我多方嘗試，但仍無法找到任何證據足以表明藝術家或廣告商其實是刻意這樣做的。他們的側偏好證據明確又比比皆是，但原因為何？以廣告為例，這種側偏好真的有幫助嗎？從左邊打光的廣告效果更好嗎？

根據我們實驗室的一些初步研究，從左邊打光的廣告似乎更吸引人。我們知道多數廣告都是從左側打光，而左側打光和右側打光的廣告彼此構圖不同，內容也可能略有差異，因此我們試圖為虛構的產品設計假廣告，製作出相同廣告內容的左側打光和右側打光版本（請參閱第 157 頁

圖38）。我們捏造了產品名稱，以便排除受測者對真實品牌態度的影響。我們向 45 名學生展示這兩個版本的廣告，然後請他們針對各種項目評分：他們對廣告的態度、對產品的看法、對品牌的印象，以及未來購買產品的意願。這些受測學生對於從左側打光的假冒產品和品牌評價更高。看來，我們在真實廣告中觀察到的左側打光偏好，確實帶來了成效。

重點 Takeaways

讀了本章後，我們可以知道人的視覺感知是由假設所引導，而我們傾向假設光源來自上方和左側。這種側偏好反映在肖像和藝術中，甚至廣告也不例外。我們認為從左側打光的物體比較好看，而且也更願意購買它們。下次若要拍照並上傳到線上約會網站，或者替舊沙發拍照以便上網出售時，別忘了從左邊打光，拍出的照片可能會比較吸引人。

第 8 章

藝術、美學和建築中的側偏好

右眼能在神聖事物上指明道路；
左眼則是點出世俗事物的道路。
——希波的奧古斯丁（St. Augustine of Hippo），
《論山中聖訓》（*On the Lord's Sermon on the Mount*）

有一句拉丁格言:「De gustibus non est disputandum.」字面意思是「品味無可爭辯」。這句話更常見的英文解釋是「There is no accounting for taste」（青菜蘿蔔，各有所好），這就反映了人們普遍的認知——藝術和美學的品味是高度個性化的，而且往往不可預測。對於這個格言更極端的解釋是，一般的科學（尤其是實驗心理學〔experimental psychology〕）與美學無關。[1~4]藝術科學確實剛剛萌芽[5]，但目前已經有所進展。在本章中，側偏好科學闖進了藝術世界。

　　我們即將了解到，人在欣賞和創作藝術和建築時，會有明顯且一致的側偏好。我們也會發現，人的美感偏好其實相當複雜，會受到各種因素影響。側偏好是其中一種因素，但其他因素可能更為重要，甚至會消除側偏好在特定情況下的影響。將一幅非常糟糕的畫作鏡像反轉，不會使其變成一幅美麗、甚至可接受的作品。然而，改變作品的方向甚至僅是調整光線，偶爾會讓觀看者感覺畫作變得更好或更糟。

　　許多藝術作品都有不平衡的特徵，我們研究了數個這類側偏好的重要例子。肖像畫往往會描繪人物的左臉頰。

母親抱著孩子的畫作（例如瑪利亞抱著耶穌的作品），多半描繪的是嬰孩被抱在左邊。繪畫或照片的光源通常位於左上角。當然，並不是所有的藝術作品都呈現這種側偏現象。人類也認為對稱性具有美感，而迷人的面孔、甚至是美麗的建築經常展現這種特質。如下頁圖39所示，英格蘭的約克聖彼得座堂和大主教教堂（The Cathedral and Metropolitical Church of St. Peter in York，俗稱約克座堂〔York Minster〕）為雙邊對稱（bilateral symmetry）。如下頁圖40所示，印度德里（Delhi）的巴哈伊靈曦堂（Bahá'í House of Worship，俗稱蓮花寺〔Lotus Temple〕）為輻射對稱（radial symmetry）。

而德國物理學家、數學家兼哲學家赫爾曼・外爾（Hermann Weyl）在其著作《對稱》（*Symmetry*）[6]一書中，明確地將美與對稱連結起來：「（在某種意義上）對稱意味著比例勻稱、平衡良好，而對稱表示有幾個部分展現一致性，彼此整合成一個整體。美與對稱密切相關（強調文字出自原文，引自麥克麥納斯〔McManus〕）。」[7]……「某些早期思想家，如亞里斯多德，認為美是源自對稱的屬性，但也有像普羅提諾（Plotinus）這類的學者認為，

圖 39：英格蘭的約克聖彼得座堂和大主教教堂，是雙邊對稱（沒有側偏好）的例子。

圖 40：印度德里的巴哈伊靈曦堂，則是輻射對稱的例子。

對稱和美互不相干。」[8]

　　藝術中的對稱並不局限於單一形式。人們可以欣賞一幅畫、一座大教堂、甚至一首奏鳴曲（A-B-A 曲式）展現的對稱之美。[9] 對稱性在藝術中極具價值。本章後續著眼於不對稱的藝術，但我不想給讀者留下印象，誤以為偉大的藝術皆是不對稱的，或者愈不對稱的藝術就愈吸引人。然而，藝術界有許多系統性且可預測的不對稱案例，例如我們探討過的姿勢擺放、打燈光和抱姿側偏好。這些側偏好顯然與我們大腦中潛在的不對稱性有關。

　　要分辨一件藝術品的左半部與右半部似乎很簡單，但實際上並非如此。以林布蘭蝕刻版畫（etching）為例，也就是下頁圖 41 的自畫像。哪一邊是右邊？蝕刻是一種製作印刷品的方法，將蝕刻板壓在一張中間塗有顏料的紙上。事實上，某些藝術史學家聲稱，唯有研究林布蘭蝕刻版畫的反轉鏡像，才能正確研究其蝕刻作品，因為實際的印刷品才是林布蘭想要分享的視覺元素。然而，下頁圖 41 的圖像更加讓人困惑，畢竟這是一幅自畫像。林布蘭是根據反射影像創作這幅作品的嗎？這個蝕刻版畫是否為鏡像反轉影像的鏡像反轉呢？古老藝術作品難以分辨左右，但

圖 41：荷蘭畫家林布蘭的自畫像，此為蝕刻版畫。

同樣的問題也適用現代人用智慧型手機拍攝的自拍照。在許多情況下，相機或手機在照片中清晰可見，觀察者可以確定自拍照是對著鏡子拍攝的。然而，有時就比較難判斷了，需要查看影像背景中的文字，或獨特的、左右不對稱的五官推斷它是否為「鏡像」自拍照。

梅賽德斯・加夫隆（Mercedes Gaffron）[10]和海因里希・沃爾夫林（Heinrich Wolfflin）[11]等美學家認為，一件藝術品的左右兩半分別具有不同的含義，而鏡像反轉一件藝術品會改變其意義。從幾何角度來看，兩張鏡像反轉的圖片包含所有相同的元素。然而，透過視覺探索兩個「等效」但鏡像反轉的影像時，感知體驗可能會大不相同。請看下圖 42，這是荷蘭畫家彼得・揚森斯・埃林加（Pieter Janssens Elinga）的作品，名為《讀書的女人》（Reading Woman）。左邊是原始圖像，右邊是鏡像反轉後的圖像。在原畫中，女人似乎更加突出，也許是因為你瀏覽這幅畫時「更早」看到她。女人的拖鞋擺在地板上，當你觀看原作時，拖鞋可能並不顯眼，但在鏡像反轉的圖像中，它們

圖 42：彼得・揚森斯・埃林加的《讀書的女人》。

顯得不成比例，而且相當「礙眼」。在這兩個版本中，甚至地板的角度似乎也大不相同。[12] 某些藝術家，譬如梵谷和阿爾布雷希特・杜勒（Albrecht Durer），會非常小心，要讓觀眾欣賞正確方向的版畫，而其他藝術家，好比拉斐爾（Raphael）和愛德華・孟克（Edvard Munch），卻沒有這樣做。[13]

前文指出，人們會以不同的方式詮釋同一影像的鏡像反轉版本。這種看法非常主觀，另有更客觀的方法證明類似效果。例如，我們可以運用視錯覺（optical illusion）。1950年，美國心理學家詹姆斯・吉布森（James J. Gibson）在其文章〈視覺表面的感知〉（The Perception of Visual Surfaces）中，首次提出「走廊錯覺」（corridor illusion）的概念，如下頁圖43所示。

圖中的兩條灰色柵欄其實大小完全相同，但更靠近走廊盡頭的那一條似乎看起來更大。現在，我們不要將柵欄放在圖像的中間，而是將它們放置在走廊某一側，然後測量錯覺的強度。薩米・里瑪（Samy Rima）及其同事進行了一項巧妙的研究[14]，採用鏡像反轉的走廊影像，測試了從左向右閱讀的法國人，以及從右向左閱讀的敘利亞人。

當走廊位於圖像右側時，從左向右閱讀的人錯覺最強；而當走廊位於左側時，從右向左閱讀的人錯覺更強。這項實驗不僅觀察到受測者對於兩個鏡像有質性上不同的視覺體驗，同時展示母語閱讀方向的影響。

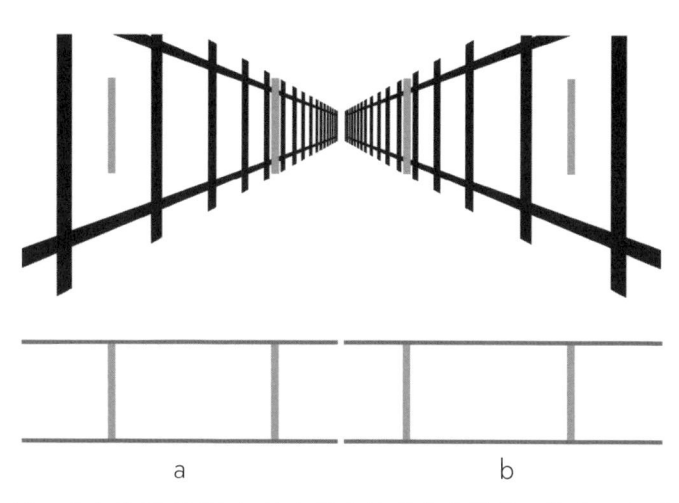

圖43：吉布森於1950年首次提出的「走廊錯覺」概念。在（a）和（b）圖中，更靠近「走廊」盡頭的灰色柵欄，似乎比靠近觀察者的灰色柵欄更大、更長，但下方的圖片證明它們確實一樣長。當此張圖像呈現給母語閱讀方向不同的小組時，只要走廊位於圖像右側（b），從左向右閱讀的人（來自法國）會有更強烈的錯覺；而當走廊位於圖像左側時（a），從右向左閱讀的人（來自敘利亞）會產生更強烈的錯覺。

母語閱讀方向似乎也會影響異向性（anisotropy）。所謂異向性，就是一種藝術中與方向相關的特性，不同的方向具有不同的屬性。但對於均向性（isotropy）而言，不同的方向功能上是相同的。在繪畫藝術中，視覺異向性的一個常見元素是海因里希・沃爾夫林描述的「掃視曲線」（glance curve）[15]，觀察者是從作品的左下角開始視覺探索，逐漸向上掃視，一直移到右側。對於西方藝術家和觀察者來說，從左到右的視線移動「更容易且更快」，而從右到左的視線移動「比較慢，而且還被認為必須克服阻力」。[16] 這些從左下往右上的視覺向量（視線路徑），在許多西方藝術作品中很容易觀察到（請參閱下頁圖44）。我們傾向於將從左下往右上的對角線視為「上升」，而將異向性（從左上到右下的）對角線視為「下降」。[17、18]

某些研究人員[19、20]認為，從左下到右上的視覺探索路徑，是每個人都會表現出的基本側偏好，但我們很容易便能在具有從右到左閱讀語言的文化中，找到例外。例如，打開中國古代卷軸，要從右往左閱讀漢字。這些卷軸的圖像通常包括偏向右側的主要視覺元素，而從圖中隱含的移動方向也是從右到左。

圖 44：感知異向性對角線，從左下上升到右上的範例。

我們也可以在現場表演的戲劇中，觀察到這些定向運動的規則。在西方，舞台右側（觀眾的左側）更容易吸引觀眾的注意力，因此當帷幕拉開、戲劇表演開始時，人們往往會看向左側，等待演員做出動作。[21] 而在中國戲劇中，這種習慣剛好顛倒。最重要的位置是舞台左側（觀眾的右側），這契合了西方和中國觀眾在母語閱讀方向上不同的情況。德國心理學家加夫隆聲稱，人們「閱讀」視覺場景的方式與閱讀書籍的方式大致相同，而且似乎有愈來愈多證據支持這項說法。

例如，攝影歷史學家兼學者卡門・佩雷斯・岡薩雷斯

（Carmen Perez Gonzalez）大量收集了兩個國家的19世紀肖像照片，然後分析這些樣本。[22] 其中898張照片來自西班牙（西班牙語是從左往右書寫），另外735張是在伊朗拍攝（波斯語是從右朝左書寫）。她從這兩個區域採樣了五種不同類型的影像，並且分析它們的方向偏好。一群人（通常是一家人）會按身高排成一線；情侶或夫妻，一人站著，另一人坐著；單人照，手臂倚靠椅子上；一個人獨自坐著並將手臂放在桌子上；以及在沒有桌椅或其他傢俱的情況下，一個人擺姿勢拍攝的肖像。我們比較這些類別後，會發現母語閱讀方向對於照片構圖有深遠的影響。在線性排列和情侶或夫妻影像中，上升方向與書寫的方向是一致的（請參閱下頁圖45）。

帶有椅子、桌子、甚至個人肖像的圖像，同樣顯示出母語閱讀方向的顯著影響。在一項後續研究中[23]，同樣的圖像以原始方向或鏡像方向，分別呈現給西班牙（從左到右閱讀）和摩洛哥（從右到左閱讀）的觀察者。西班牙人更喜歡右偏版本的照片，而摩洛哥人則更喜歡左偏版本的照片。因此，無論原始影像的構圖和隨後對同一批照片的選擇，明顯都受到母語閱讀方向的影響。

圖 45：按身高排成一線的全家福照片。在西班牙等母語閱讀方向是從左到右的國家，全家福照片往往從左向右上升（左圖）。而伊朗人的全家福照片（母語閱讀方向是從右到左），通常從右向左上升（右圖）。

岡薩雷斯的圖像中，方向性是透過「質量排序」（ordering of mass）創造出來的。沒有實際移動影像，也沒有任何明確的移動暗示。請想像一個人從左向右行走的「動態攝影」。即使是靜態影像，隱含移動方向也是顯而易見的，只要我們不是想像麥可‧傑克森表演月球漫步時的畫面，因為這種舞步隱含的移動方向與實際的移動方向恰好相反。幾乎任何具有清晰可辨的正面和背面的移動物體——汽車、火車、飛機、貓、狗——其圖像都能暗示朝某一個方向移動。從左朝右閱讀的讀者，似乎會選擇隱含從左到右方向性的圖像；然而，對於從右朝左閱讀的人，選擇的結果則不太明確。某些研究發現方向效應會出現逆轉，而某些研究則根本沒有發現任何反轉情況。[24、25]

這種效應不僅局限於人物照片。在我的實驗室中，我們使用移動物體和風景的圖像，證實了某些相同的側偏好。[26] 我們向兩組人（一是從左朝右閱讀者，二是從右朝左閱讀者），展示了描繪從左到右或從右到左的鏡像配對。雖然，從右朝左閱讀的受測者，對任何一種圖像類型的方向性沒有明顯表現出側偏好；但從左朝右閱讀的受測者，對於我們圖像中展現的左、右方向性卻有強烈的偏好。除了展示隱含移動的靜態圖像，我們還向同一組人展示了定向移動的短影片。受測者看到影片時，方向偏好變得更加強烈。從左朝右閱讀的受測者，更加明顯偏好描繪從左朝右移動的影片；雖然，從右朝左閱讀的受測者原本對靜止圖片沒有表現出明顯的方向偏好，在影片中對於從右朝左的移動卻表現更強烈的偏好。

我們同樣使用相同的物體或風景移動的圖像和影片，從中研究非西方觀眾的反應。[27] 比較說印地語（Hindi，從左向右閱讀）者與說烏爾都語（從右向左閱讀）者之後發現，從左向右閱讀者與先前研究中的西方人一樣，具有強烈的從左向右的偏好，但從右向左閱讀者根本上沒有表現出太多的方向偏好。這項研究告訴我們，西方樣本所表現出的方向美學偏好並非西方獨有，在其他從左向右閱讀的文化中也很明顯。第十二章將會指出，這些方向偏好同樣會影響體操等運動的美學判斷。

從帶有人物排列順序的圖像中，也可以得知西方觀察者從左到右的方向偏好。1979年，瑪麗蓮‧弗雷穆斯（Marilyn Freimuth）和西摩‧瓦普納（Seymour Wapner）研究了繪畫中的方向偏好。[28] 他們展示了一系列帶有人物排列的作品（以原始方向和鏡像方向），改變主要人物的位置（圖像的左側或右側），並且測量觀察者的審美偏好。主要人物的位置並非決定側偏好的主要因素，最重要的反而是人物的順序。無論圖像是以原始方向或鏡像反轉呈現，觀察者都選擇了人物從左往右排列的畫作。西方人對於從左向右排序的偏好，甚至延伸至藝術作品的標題。如果第一個單字對應的是圖像左側的內容，則該標題便很容易被選中。[29]

除了母語閱讀方向，其他因素也能影響藝術作品中的側偏好。各位不妨參考描繪臉部輪廓的範例。肯塔基大學（University of Kentucky）的巴里・詹森（Barry Jensen）[30、31]，曾要求來自美國（從左向右閱讀語言）、挪威（從左向右閱讀）、埃及（從右向左閱讀）和日本（通常是從右向左閱讀）的右撇子和左撇子，繪製臉部輪廓。無論母語閱讀方向為何，右撇子繪製的臉部輪廓都是面向左側，而左撇子根本沒有表現出一致的側偏好。幾項更近代的研究[32、33]複製並擴展了這種測驗內容，要求受測者多畫了樹和手、甚至還有魚。在這些附加條件下，慣用手和母語閱讀方向都會影響繪圖中的方向性。[34]

當然，藝術家並非只有根據美學組織視覺場景。不是所有的藝術家都只是想把作品盡量畫得「漂亮」。他們反而常會透過圖像傳遞某些想法，喚起觀畫者的一絲情感。色調、相對位置、甚至紋理的微妙之處，都能形塑繪畫中想要傳遞的訊息。其實，我們在圖像中看到的側偏好也取決於預期傳遞的訊息，以及圖片中物體和人物之間的隱含關係。

賓州大學（University of Pennsylvania）的安揚・查特吉（Anjan Chatterjee）及其同事，做過一個非常簡單且巧妙的實驗。[35]他們要求受測者畫出施動者／接收者（agent/ receiver）的關係，例如「圓圈推動方塊」。在這個例子中，圓圈是「行動的施動者」是，而方塊是「行動的接收者」。查特吉和他的團隊發現，人們傾向於在左側畫圓圈（施動者）。研究人員認為，肖像畫中的左臉偏好可以用「左側施動者偏好」來解釋。如果畫家想把行動施動者畫在左邊，施動者就會露出更多的右臉頰。由於女性通常被視為較為被動，因此不太可能被描繪為行動施動者，所以只會露出更多的左臉頰。[36]

在西方文化中，男女若一起入畫或合照，女性通常會位於男性的右邊。[37,38]有人研究過亞當和夏娃的網路圖像（搜尋「Adam and Eve」或「Eve and Adam」後獲得的圖像），在62％的圖像中，夏娃是位於亞當的右邊。[39]這種性別偏好被心理學研究者卡特琳娜・蘇特納（Caterina Suitner）和安妮・馬斯（Anne Maass）稱為：空間施動側偏好（spatial agency bias）。[40,41]在從左向右閱讀的文化中，或者句子結構主詞通常在受詞之前的語言文化裡，這種側偏好尤其明顯。[42]

在一項關於空間施動側偏好與人物擺姿側偏好之間關

係的巧妙研究中，瑪拉・馬祖雷加（Mara Mazzurega）及其同事[43]展示了不同性別、左臉或右臉朝向的肖像，並讓受測者判斷描繪的人物是否從事高主導力職業（股票經紀人、建築師、律師、廚師、工程師、電影導演），或低主導力職業（空姐或空少、祕書、郵差、電話服務中心客服）。臉部朝右的圖像被認為是典型的女性擺姿，且與高主導力職業的相關性較小（請參閱下頁圖46）。換句話說，臉部朝左的圖像則被視為男性的典型擺姿，並且更常與高主導力職業聯想在一起。

人類最偉大的藝術創作就是建築，而建築可能會以數種有趣的方式展現不對稱性。本章先前討論過對稱性（雙邊和輻射對稱），並且提到了對稱的巴哈伊靈曦堂（蓮花寺）。然而，建築也可以表現出「手性」（chirality，空間螺旋特性），也就是左右形式明顯不同的物體屬性。如木螺絲之類的螺旋物體在日常生活中隨處可見，而小至原子的粒子也能表現出手性，摩天大樓或甚至星系等非常大的物體同樣可以。[44]

許多著名的建築都是非手性的，表示它們呈現鏡像對稱，沒有明顯的左右不對稱形態（例如埃及金字塔、

性別與臉部朝向的四種組合

女性

男性

矛盾的性別歧視量表

與性別刻板印象一致的空間關聯：
這張臉是朝向左側或右側？

工作歸屬：
他／她從事什麼工作？

1. 建築師
2. 電話服務中心客服

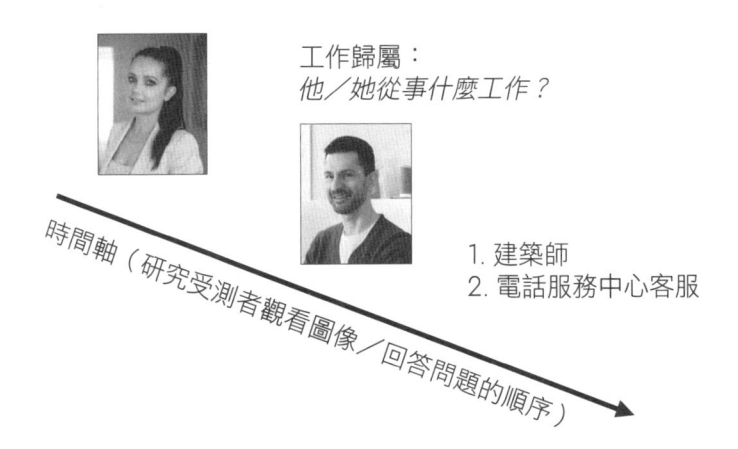

時間軸（研究受測者觀看圖像／回答問題的順序）

圖 46：瑪拉・馬祖雷加用於檢測空間施動側偏好，與人物擺姿側偏好之間關係的方法示意圖。在展示不同性別、臉部朝右或朝左的肖像後，受測者必須指出該肖像人物是否從事高主導力工作（股票經紀人或律師等），或低主導力職業（空姐、空少或郵差等）。臉部朝右的圖像與女性面孔和低主導力職業較常聯想在一起，而臉部朝左的圖像則與男性面孔和高主導力工作相關。

泰姬瑪哈陵、帝國大廈〔Empire State Building〕）。然而，許多偉大的建築根本不是對稱的，例如紐約市的古根漢美術館（Guggenheim Museum）、冰島雷克雅維克（Reykjavik）的哈帕音樂廳（Harpa Concert Hall），或者德州達拉斯（Dallas）的佩羅自然科學博物館（Perot Museum of Nature and Science）。

可以肯定的是，非對稱的建築是相當極端的。建築中非手性的另一個常見來源便是螺旋元素，例如瑞典馬爾摩（Malmö）的 HSB 旋轉中心（Turning Torso）展現左旋螺旋設計，而日本名古屋的 Mode 學園螺旋塔（Mode Gakuen tower）則呈現右旋螺旋造型。

建築中的螺旋方向性已被廣泛研究。世界各地常見的螺旋柱，通常內部會設置相對應的螺旋樓梯。羅馬的圖拉真柱（Trajan's Column，大約興建於西元 113 年）在當年是史無前例的紀念碑，爾後催生了許多其他類似設計的右旋柱。[45] 柱內螺旋的右旋與當時繪圖師使用的螺旋設計一致，也與拉丁文從左往右書寫的方向一致。

然而，希臘和羅馬藝術作品描繪的人物通常是從左朝右移動。[46] 當德國藝術史學家和考古學家海因茨・盧斯

圖 47：展現空間螺旋特性的建築。左圖是日本名古屋的 Mode 學園螺旋塔，朝逆時針旋轉；右圖則是瑞典馬爾摩的 HSB 旋轉中心，朝順時針旋轉。

（Heinz Luschey）首次提出這項觀點時，否認了這種側偏好與書寫的方向性有關，因為同一時期的埃及藝術也展現出相同的從左向右的方向性，而許多表現出這種偏好的希臘圖像，則是在希臘文字書寫方向性確立之前便已創作的。[47] 絕大多數歷史悠久的圓柱，都是向上和向右旋轉彎曲的。不過也有一些例外，例如：德國希爾德斯海姆主教座堂（Hildesheim Cathedral）的伯恩沃德柱（Bernward Column）是向左螺旋旋轉。此外，人們偶爾會刻意興建向左和向右的螺旋柱以保持兩側對稱，例如：維也納聖查爾斯博羅梅奧教堂（Church of St. Charles Borromeo）的螺旋柱（請參閱下圖48）。

圖 48：雙邊對稱的維也納聖查爾斯博羅梅奧教堂，其歷史悠久的圓柱呈現鏡像對稱。

重點 Takeaways

倒頭來還是那句拉丁格言——De gustibus non est disputandum（品味無可爭辯）。人有千百種，審美偏好差異大。我們甚至很難用一種有意義的跨文化角度去定義「美學」或「美麗」之類的概念。當美感經驗是主觀且受多種因素影響時，實在難以提出一種客觀定義和衡量美感體驗的方法。然而，人類創作的藝術作品中的確存在明顯的側偏好，而我們的感知和反應方式同樣具有真實的側偏好。創作繪畫、擺盤或設計摩天大樓時，應該考慮大眾偏好的擺姿方向、光照方向、重心位置、動態方向和母語閱讀方向等因素。從左向右閱讀者，更喜歡從左向右的動作（甚至是隱含的運動）。這種效應反映在西方藝術中視覺元素的排列方式、全家福照片中的典型排位方式，甚至是視錯覺的感知方式。我們在創作圖像時，可以運用這些側偏好。如果我們生活在多數民眾習慣從左向右閱讀的國家，當我們要拍攝跑車照片並打算將其掛牌銷售時，不妨考慮讓跑車是從左朝右奔馳，並將光源定位在畫面左側。同樣地，當你要在圖像中安排數個元素時，採用從左向右的方式排列物件，可讓習慣從左向右閱讀者感覺更加美觀和熟悉。

第 9 章
慣用手勢：
遺留的行為化石

為何人在打電話時總是會比手勢呢？
——美國作家強納森・卡洛（Jonathan Carroll）

若要你說話時盡量保持雙手不動，相信你應該會感到很痛苦。每次我在授課或演講中介紹手勢時，我都會對自己的手勢感到非常不自在，甚至試圖控制自己的雙手。然而，這種情況不會持續很久，有點像覺察自己的呼吸，你可以有意識地控制一段時間，但遲早會回到自動呼吸／比手勢的正常狀態。

談話時揮動雙手是很自然且無意識的。我們可以自欺欺人，說我們是因為別人而比手勢，但只要觀察任何「看不見彼此」的通訊案例（例如講電話、對著對講機說話、主持廣播節目），這種藉口便會立即破功。即使當我們獨自站在錄音室錄製話語時，我們也會像面對面和人交談時，不停揮動手和手臂。

人不僅會在沒有人看到的情況下比手勢，而且一生中從未見過別人比手勢的盲人也會這樣做。盲童學習說話時會自動做出手勢[1]，但頻率不如視力正常的兒童那般頻繁。此外，無論說何種語言和具備何種文化背景，所有人都會比手勢，因此手勢顯然具備某種基本的交流功能。[2] 比手勢不需要觀眾，甚至不需要找一個榜樣來教孩子如何做手勢。口說和手勢顯然彼此相關，但兩者如何牽連呢？為什麼有關聯？手勢能告訴我們哪些牽涉到大腦的訊息呢？

1860 年代，法國醫生兼人類學家保羅・布羅卡（Paul Broca），研究了一名左額葉（left frontal lobe）嚴重受損的病人。[3] 這位病患名叫路易・維克多・勒博涅（Louis Victor Leborgne），但他通常被喚作「塔恩」（Tan），因為這是他唯一能說的字。塔恩會用不同的語氣表達不同的事情。他去世之後，有人檢查他的大腦，發現他的左額葉有巨大的損傷，這個區域現在被稱為布羅卡區（Broca's area，請參閱下圖 49）。

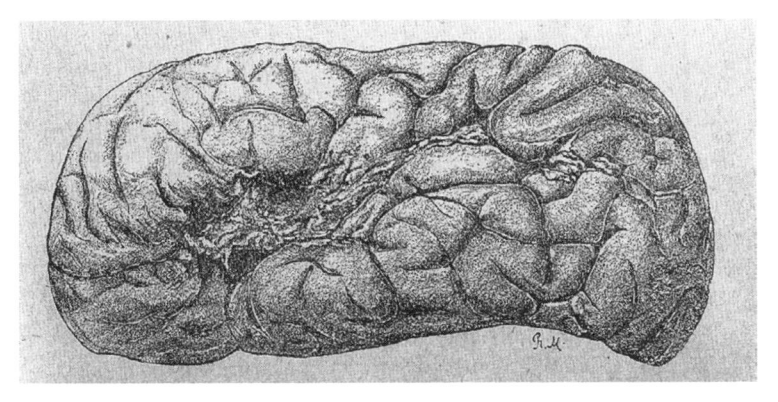

圖 49：路易・維克多・勒博涅（塔恩）的大腦圖，顯示額葉有一處大面積的病變，這個區域現在被稱為布羅卡區。

布羅卡根據他對塔恩的檢查而得出結論，認為左腦包含言語中樞，進而開啟了至今仍然存在的猜測：左額葉對言語具有主導地位，也能協調通常占主導地位的右手，這兩者之間是否存在功能方面的聯繫。

早在人類掌握口語之前，就有可能透過手勢交流。人類語言發展的幾個著名理論，都著眼於人類可能經歷從透過手勢交流轉變到透過聲音彼此溝通。[4~6] 然而，我們尚未透徹理解手勢語言（gestural language）和口語（spoken language）之間的關係。

無論手勢是在口語之前進化而來的，或是一種手勢導致了另一種手勢，當人們交談時，顯然都會做出手勢。我們不僅在說話時比手勢，聆聽別人說話時也會比手勢。同樣明顯的是，我們什麼時候以及如何比手勢反映出左右腦的差異。

1973 年，加拿大心理學家多琳・奇姆拉（Doreen Kimura）讓互不相識的幾組人在實驗室中「假裝」對話，接受觀察。[7、8] 她對說話者和傾聽者的手部動作進行編碼之後發現：

（1）人們說話時比在傾聽時做出更多手部動作；

（2）說話時右手手勢多於左手手勢；

（3）人們在傾聽時左手手勢更多。

這三種效應在右撇子和左撇子身上都很明顯，而奇姆拉得出的結論是，說話時的右手運動是因左腦主導了言語產生，而支撐說話的大腦迴路也是右手運動增加的原因。

約翰‧湯瑪斯‧多爾比（John Thomas Dalby）及其同事重複了這項研究，並加以擴展。[9] 多爾比沒有在實驗室裡讓陌生人彼此聊天，而是研究彼此認識的人「在自然情境」的真實對話。正如奇姆拉 7 年前發現的那樣，人們說話時偏好擺動右手，但在傾聽時則不會如此。

我的研究團隊擴展了上述研究，讓幾組人自然對話，從中尋找男女之間（側偏好）的差異。[10] 我們觀察了 100 段對話，每段對話進行三分鐘，其中 50 名男性：25 位與另一名男性對話、25 位與女性交談；以及 50 名女性：25 位與另一名女性對話、25 位和男性交談。我們根據這些人在說話或傾聽時的動作，編碼這些手勢是「自由動作」還是「自我觸碰」（請參閱下頁圖 50）。

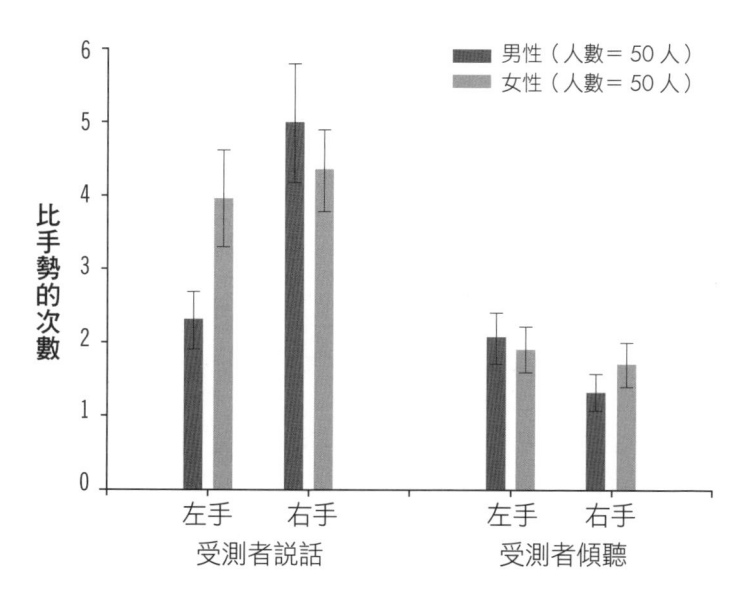

圖 50：人們說話時傾向於用右手做手勢，男性的這種側偏好比女性更為強烈。

我們觀察到男性說話時右手會做出更多動作，但在傾聽時，男性則會用左手比手勢。我們觀察到的女性並沒有表現出同樣的模式。女性在說話或傾聽時，左右差異都沒有那麼大。我們在其他側偏好研究領域中，通常也會發現這一點。男性往往會比女性表現出更明顯的側效應。

聽障人士彼此交流時會以手勢為主要溝通方式，同樣可以研究他們的手勢。對於「非語言」（也就是不屬於手語的動作）手勢，慣用右手的聽障人士會更常使用右手，而左撇子則剛好相反。[11]

為何說話會導致右手出現「溢流舉動」（overflow movement）？確實，左腦控制右手和主導語言功能，但原因可能比這更具體。如果我們檢視下頁圖 51 中的「運動小人」（motor homunculus）圖像，對於身體各部分在皮層對應區域中的扭曲比例，便能一目瞭然。手、嘴和舌頭都占據了很大的區域，而腿和軀幹卻很小。然而，這並不是唯一值得關注的扭曲之處。身體部位的相對位置也很不穩定。手靠近臉，這很奇怪，但不妨設想一下「擴散激發」（spreading activation）或「動作溢流」（motor overflow）的情況，也就是大腦某個區域的大量活動往往會刺激相鄰的區域。驅動嘴巴的大腦組織異常興奮時，也會觸發手部運動，反之亦然。也許說話和手勢之所以共存並行，便是因為鄰近的大腦組織驅動著這兩個區域。

截至目前為止，我們討論人們說話時的手勢，都忽略他們實際說了什麼。在很多情況下，正如我對這個主題所做的研究一樣，我們其實並不知道受測者在說什麼，因為我們聽不到他們的聲音！我們可以觀察他們自然對話時所

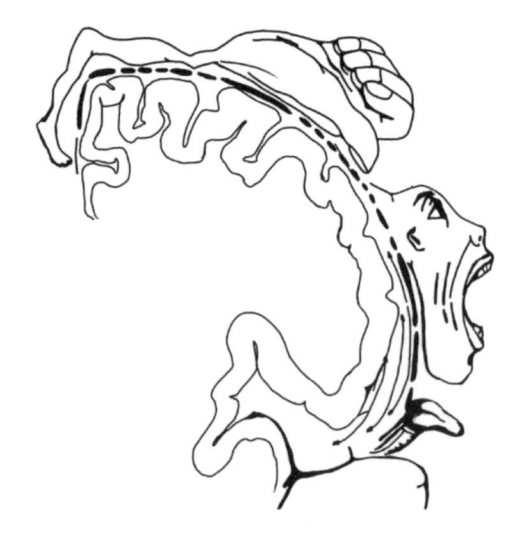

圖 51：運動小人。請注意，在控制身體運動的大腦額葉部分中，控制手和嘴的區域是彼此緊鄰的。

比的手勢，但距離太遠，無法聽到他們說的內容。

然而，談話的內容似乎很重要。在多數的交流過程中，左腦主導語言內容，因此有人說話時會揮舞右手。但是，如果話題轉移到右腦擅長的領域時，會發生什麼呢？如果人們在指路或傳達其他空間訊息時，會怎麼樣呢？

北宗太郎（Sotaro Kita）和海達・勞斯伯格（Hedda Lausberg）[12] 提出了這個有趣的問題並給出答案。他們研究了一小群接受過非常特殊的腦部手術患者——切斷了胼胝體（corpus callosum）。所謂胼胝體，就是左右腦之間的「橋梁」。除了極少數出生時就沒有胼胝體的人之外[13]，多數人都有一大片白質神經纖維束（white matter tract，大約2.5億束）連接左腦和右腦。想當然耳，大腦這兩個半球通常會協同合作形成感知和行動。

在一些罕見且嚴重的癲癇病例中，醫生會採取相當極端的手段，將大腦的兩半分開，以免癲癇從大腦一側的某個點（通常在左顳葉〔left temporal lobe〕）擴散到整個大腦。這種切割胼胝體的手術稱為胼胝體切開術（callosotomy）。[14] 手術之後，側效應往往會變得非常不明顯。左右腦會繼續執行各自的專門功能，但彼此的協同合作便會減少。

在北宗太郎和勞斯伯格的手勢研究中，比較了3名曾接受完整胼胝體切開術的患者，對照9名神經典型（neurotypical）的參與者。前述患者中，兩名保留了左腦掌控語言的情況，但第三位患者的左右腦都有些許處理語言的能力。這三位接受胼胝體切開術的患者都能用左右手表達空間意象，但其中兩名由左腦掌控語言的患者，很難根據口頭內容用左手做手勢提供空間資訊。這就表明右腦可以像左腦一樣單獨產生關於空間內容的言語手勢，而這與多琳‧奇姆拉和其他人之前的說法——負責言語的相同大腦區域會讓我們說話時比出手勢，形成鮮明對比。有時可能會出現這種情況，但是當人談話內容涉及右腦較擅長的專業知識時，右腦似乎也能產生自己的手勢。

進一步為「資訊很重要」的論述提出證據的，是一項從 122 名健康成年人中選出十名神經典型的右撇子的相關研究。[15] 受測者們需觀看動畫，並被要求針對動畫內容進行口頭或無聲的手勢演示。他們會根據內容比出不同的手勢。受測者說話時，偏好用右手做手勢。而描述場景時，對物件做出手勢的手往往與物體位置一致（左側或右側）。這就導致了手勢的「象似性」（iconicity）——手勢本身與所說內容的含義密切相關。受測者提及動畫場景左側的物體時會使用左手。在使用言語和無聲手勢的條件下，在手勢側偏好方面沒有顯著差異。

左腦通常專精「語言」，因為它知道更多單字，理解詞序（文法）如何影響含義並能產出口語。然而，有些牽涉到語言的功能則是由右腦主導。右腦顯然更擅長解讀語氣（好比言語中透露的情感或諷刺）、從敘事中提取主題，甚至能夠理解隱喻。

右腦善解隱喻的優勢也能透過手勢展現。有人曾要求 32 名英語使用者，利用右手或左手手勢表示隱喻，例如「洩露祕密」（to spill the beans），發現他們用左手做手勢時更能解釋隱喻。[16] 此外，當人們用左手或右手比手勢時，左手手勢的隱喻數量（使用隱喻的頻率）會增加。

我想用一個有趣的想法結束關於手勢偏好的討論。我們說話時比手勢是否是演化的遺跡？這種行為是否為人類發展出口語後遺留的行為化石呢？一提到化石，我們通常會想到石化的骨頭，而非行為。然而，現代人類不時會展現行為化石，這些傾向在人類存活於地球上的多數時期（尤其是人類在非洲大草原上進化的那十萬年），都能幫助人類適應環境。但這些行為在現今不一定能幫我們適應環境，甚至可謂是毫無用處。最糟糕的是，有些舉止其實已經不適合現代環境，好比人類普遍愛吃甜食的行徑。在非洲大草原上，我們偏好甜食的遠古祖先會食用更多水果，攝取維生素和其他營養素而獲益。此外，那時大草原上還沒有人開糖果店，選擇甜食是有益健康的選擇。數千年後的今日,糖果無處不在(西方世界尤其如此),但幾乎沒有營養可言。為了生存,我們的非洲祖先愛吃甜食;但如今愛吃甜食者卻可能嚴重危害自身健康。

1746年,法國哲學家艾蒂安・博諾・德・孔狄亞克(Etienne Bonnot de Condillac)提出手勢是行為化石的觀點。美國人類學家戈登・休斯(Gordon Hewes)在1973年也提出這種論點[17、18],紐西蘭心理學家麥可・柯博利(Michael Corballis)更進一步提倡這種說法。[19]還記得本章前面曾提過著名的「塔恩」案例嗎?塔恩因為部分額葉(布羅卡區)受損,只會說「塔恩」這個字,說不出來別的字句。人腦的布羅卡區對應於猴子大腦的F5區,這個區域負責控制手勢(而非發聲)。[20]此外,如果我們在猴子的F5區記錄單個腦細胞,會發現這些細胞似乎是靈長類大腦中「鏡像系統」的一部分。當猴子做出朝物體伸手的動作,或者即使只是看到猴群中另一隻猴子朝物體伸手並抓握時,這些特殊的細胞便會產生反應。[21]它們被稱為「鏡像細胞」(mirror cell)或「鏡像神經元」(mirror neuron),因為無論這個動作是由自己執行或只是觀察另一動物的行為,它們都會產生相同的神經反應。鏡像系統可能是我們許多社會學習能力的基礎，而語言本身常被認為屬於這個鏡像系統。[22] 幸運的是，即使手勢是一種行為化石，似乎不會對我們造成任何傷害。最糟的情況，大概是我們在車內用藍牙通話時，對著看不見我們的對方瘋狂比手勢，而浪費一點精力罷了。

重點 Takeaways

說話時比手勢是自然且無意識的行為，它揭示了我們不平衡的左右腦功能差異。由於左腦主導言語並控制右手，我們說話時傾向用右手比手勢，而「傾聽」時經常用左手。說話時比出的某些手勢可能來自「擴散激發」，因為大腦中控制手和控制嘴的區域是相鄰的。最初語言似乎是透過手勢而發展，後來演變為口語／聽覺語言。如今我們說話時會跟著比手勢，可能是史前人類溝通後遺留的行為化石。

第 10 章

轉向偏好：
右轉、右旋、右繞圈

當一切都不對時，我該向左轉嗎？
還是當一切都已無路可走時，我該向右轉？

——無名氏

法國數學家古斯塔夫・科里奧利（Gustave Coriolis）[1]因研究水車等旋轉系統而受到啟發，於1835年首次描述控制旋轉系統的自然力。[2]科里奧利的研究著眼於全球範圍內巨量的水或氣團運動，但我們多數人通常是看到極少量的水體漩渦，便會提到以他命名的科氏效應（Coriolis effect）。沖馬桶後，從水流旋轉方向便可清楚看到這種效應。人們常認為關於地球自轉對其他旋轉系統的影響，歸功於科里奧利率先提出這種說法，也具有終極的權威。然而，大部分的理論基礎工作早在兩個世紀前便已經奠定。

在建立地球自轉如何影響地球物體（包括人體）運動的模型前，首先必須確定地球是圓的。然而，某些所謂的現代人已經忘記了由科學證實的這項事實，讓我想起來就痛苦。這些人顯然從未目睹月食或看過一艘船出海後消失於海平面，也不曾經歷時區改變，更沒親眼見過地球呈現弧度的其他第一手證據。儘管地平論的說法會誤導人，但我們知道地球是繞著其軸心從西向東旋轉，因此太陽、恆星和其他天體看似在天空中從東向西移動。從北極看去，地球是逆時針旋轉，但從南極看，這個世界則是順時針旋轉。如果你跟我一樣喜歡喬恩·史都華（Jon Stewart）的《每日秀》（The Daily Show），你會發現片頭中的地球多次以錯誤的方式旋轉。更換主持人之後，這個節目的開場動態畫面才修正過來。

此章節明明要討論人類的轉向行為，但一開始卻先提到地球自轉，乍看之下或許有些突兀，但科氏效應似乎會影響人類運動，至少在實驗模型中可觀察到。[3] 我們在簡要探討人類的轉向偏好時，將會調查群體和個人行為，並著眼於從古代到現代、以及從尚未出生的嬰兒到老年人整個生命週期的轉向行為。

向右轉頭的傾向，是人類最早的側偏好行為之一。[4] 女人懷孕 38 週生下嬰兒後，離開子宮在外界呼吸空氣的稚嬰、遠早於未受文化或社會學習的影響時，他便清楚展現上述的轉向側偏好。這種傾向會貫穿人的一生。如果我們要求普通的成年人沿著空蕩蕩的走廊向前走，然後再轉身調頭，這個人很可能會向右轉身後往回走。當人們駕車、進入商店、運動，甚至跳舞時，都會展現這種右轉偏好。多數古代舞蹈都包含旋轉舞姿，舞者通常會以順時針（向右轉）方向轉體。我們的右轉傾向甚至體現於流行文化中。例如，在以德里克‧佐蘭德（Derek Zoolander）命名的電影（譯按：《名模大間諜》〔Zoolander〕）中，扮演佐蘭德的演員在時裝秀上無法左轉，這是很出名的情況（不過是虛構的）。[5] 為何人更喜歡向右轉？

讓我們先區分轉身、旋轉和繞圈。當此章提到旋轉時，講的是圍繞身體中心軸的部分或全部旋轉運動。[6] 和轉身是不一樣的，它是偏離直線後沿著另一條路徑移動和出發。而繞圈是由一系列轉身造成，這些轉身一起圍繞著某個外部（位於身體外部）的參考點，形成一個完整的圓圈。在我們討論左右時，這三種運動形式都有一些共同點。讓我們從繞圈開始介紹。

早期希臘和埃及的舞蹈與多數其他古代文化一樣，都有不少繞圈動作。大多數關於舞蹈慶祝活動的考古紀錄，都描述了順時針（向右轉圈）運動。[7] 繞著五朔節花柱（maypole）的歐洲舞蹈和法國布列塔尼（Breton）舞蹈，同樣表現出向右繞圈的動作。[8、9]

我們也曾廣泛研究非人類動物的繞圈行為，特別是在神經系統疾病和藥物成癮的動物模型方面。例如，如果給動物服用增加多巴胺（dopamine）濃度的藥物（有此類作用的常見濫用藥物包括古柯鹼和甲基安非他命〔methamphetamine〕），牠們就會傾向於向左轉圈。[10]

探討人類轉向偏好的早期報告中，其中之一是謝弗（A.A. Schaeffer）於 1928 年提出的。[11] 當時，謝弗蒙住受測者的眼睛，發現他們蒙眼行走時會展現「螺旋運動」（spiral movement）。在這個大膽的實驗中，受測者必須蒙著眼睛行走、跑步、游泳、划船，甚至直線駕駛汽車。謝弗指出，受測個體轉身的方向通常是一致的，但沒有記錄群體層面轉向行為的系統性側偏好。

5 年之後，美國心理學家愛德華‧羅賓遜（Edward Robinson）[12] 發表了一份報告，詳細記錄美國博物館參觀群眾的轉身側效應。羅賓遜發現，在不同城市的不同博物館中，75％的民眾入館之後會轉身向右走，但多數博物館的入口展示都設在左側，所以參觀者常會遇到指向反方向的告示牌。在這些情況下，民眾會「先向右走，然後轉身繞往左側」。[13] 羅賓遜提出這份報告時甚少詳述研究方法，卻對這種奇怪的矛盾現象提出了好幾種解釋。其中之一可能是博物館規畫者更喜歡用藍圖規畫展品，而這些展品的排版設計通常是從頁面左側移到右側。當這些設計平面圖轉化為現實世界的空間時,便會產生與觀眾自然流動方向相反的展覽布局。

然而,早在人們開始參觀博物館前,轉向偏好就已經存在。彼得‧赫珀(Peter G. Hepper)及其同事[14]曾針對72名懷孕十週的胎兒研究,發現早期肢體運動偏側好(偏右)的證據。胎兒在母體懷孕 38 週時,右轉偏好便已經形成,可說早在嬰兒出生前。[15] 因此,轉向偏好成為人類最早形成的一種側偏好[16],至少在那些可於子宮內觀察到的少數行為中如此。右轉偏好似乎也受到胎兒待在子宮內時間長短的影響。正常的右轉偏好在早產兒(懷孕少於 30 週)中較不常見。[17] 對於足月兒來說,甚至有一些證據指出可以根據早期的轉頭偏好預測後期的慣用手。[18]

嬰兒在出生後不久便傾向於仰臥且頭向右轉。[19] 嬰兒休息時會優先選擇這個姿勢,但受到刺激時也會先擺出這種姿態。[20] 即使在出生兩天後的嬰兒身上,這種側偏好也很容易觀察到,頭部向右轉的嬰兒有 70 ～ 80％的時間都會保持這個姿勢。因此,與左手相比,這些面向右側的嬰兒對於右手也有更多的視覺體驗(以及眼和手之間的感覺

—運動回饋〔sensory-motor feedback〕），這會明顯影響他們用手習慣的發展，特別是形成右撇子。[21]

斯特凡・布拉卡（H. Stefan Bracha）及其同事[22]使用「人體旋轉計」（human rotometer），進行了一系列關於人類轉向偏好的實驗。「人體旋轉計」是他們開發的一種自動設備，用來測量人們日常活動中的旋轉行為。[23]這個可充電的設備會佩戴在安裝於皮帶上的計算器盒中，並利用指南針將其校準到磁北方向。在人人隨身攜帶自己的陀螺伺服馬達（gyro-servo）、具有 GPS 功能的個人電腦（也就是手機）前，進行這種研究既複雜又高成本！類似於謝弗最初的報告[24]，布拉卡發現無論男女往往傾向一貫地朝左或朝右轉向。他還指出，男性比女性更常出現右轉行為。

其他研究人員也發現了轉向偏好的性別差異，但這些結果在方向上並不一致。有些人發現男性和女性都喜歡向右轉；但其他人卻指出，右偏好（慣用右手和右腳）的男性傾向於向右旋轉，而右偏好的女性則傾向於向左旋轉。為何這些研究會得出不同的結果？也許女性的轉向偏好會受到月經週期階段的影響。

為了研究是否有這種可能，拉里薩・米德（Larissa Mead）和伊莉莎白・漢普森（Elizabeth Hampson）比較了女性在月經週期的黃體中期（midluteal phase）和月經期（menstrual phase）的轉向偏好。[25] 他們收集了48名加拿大西安大略大學（University of Western Ontario）女學生的唾液樣本，她們沒有服用口服避孕藥（因為這些藥丸會改變性激素的濃度）。利用放射性免疫測定法（radioimmunoassay）去檢測雌二醇（estradiol）和黃體酮（progesterone，又稱助孕酮或黃體固酮）的濃度，以確定每位受測者的月經週期階段。總體而言，女性往往更喜歡朝右轉向，但處於黃體中期的女性表現出最不明顯的轉向偏好。因此，無論轉向偏好背後的機制為何，似乎都受到卵巢激素的調節。

　　1928年，謝弗在他的轉向偏好研究中[26]，曾經測試蒙眼者如何行走、跑步、駕駛、划船和游泳。美國一項研究以囓齒類動物常見的迷宮學習測試為模型，檢驗了虛擬游泳任務中的轉向偏好。在理查・莫里斯（Richard Morris）的水迷宮[27]（請參閱下頁圖52）中，將老鼠或沙鼠（gerbil）等小型囓齒動物放入混濁的水池中。池水通

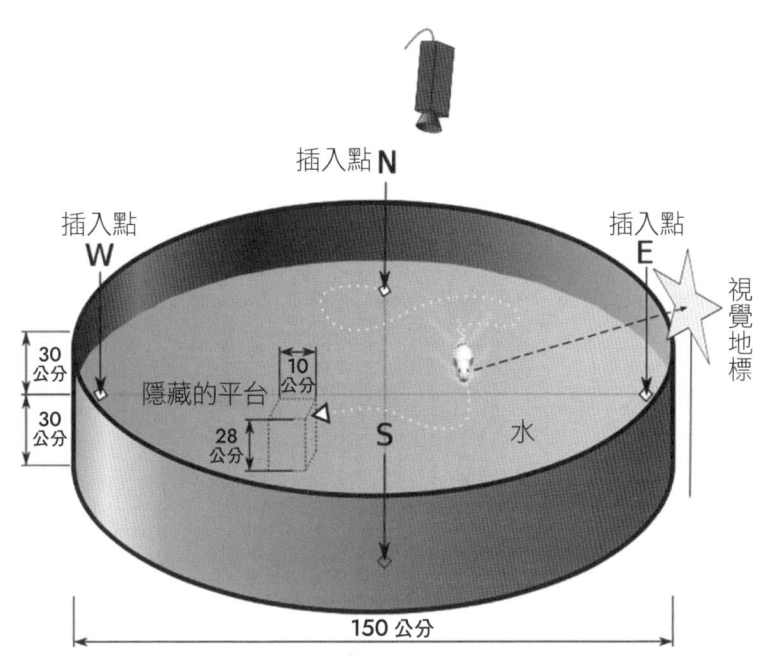

圖 52：理查·莫里斯的水迷宮任務範例。在水池右邊，一隻老鼠正在尋找隱藏的平台，最後在左邊找到。在隨後的試驗中，這隻老鼠會利用房間周圍的線索，直接游往先前發現平台的位置。

常是乳白色的，動物們的任務是找到水面下方的平台。由於平台是隱藏的，牠們第一次是反覆嘗試後才會發現平台。老鼠通常會隨處遊來遊去，試圖找到離開「迷宮」的出口，直到牠們撞上平台並在上面休息，進而解決這個難題。對於這些囓齒動物來說，隨後的試驗通常就容易得多。牠們被放入水中後，會傾向於利用房間周圍的提示定位，並直接游向先前發現平台的位置。

這項實驗有幾種專為測試「人類」的變化版本，其中一種甚至還使用了巨大的不透明水池！然而，測試人類尋路能力時，更常見的方法是在虛擬實境電腦模擬中使用水迷宮。沒有人會淹死，甚至不會弄溼身體。請再看一下上頁圖 52，看到老鼠第一次接受試驗時瘋狂轉來轉去了嗎？這真是研究轉向偏好的好機會！2014 年，袁鵬（Peng Yuan，音譯）及其同事[28]在密西根州底特律就是這麼做的。他們讓 140 名慣用右手的成年人（18～77 歲）在虛擬的莫里斯水迷宮中「游泳」，然後將這些結果與他們大腦掃描結果進行比較，從中尋找大腦特定部分的相對大小與虛擬水迷宮的表現之間的關係。男性更常表現出向左轉的偏好，而女性則通常表現出右轉傾向。與運動相關的大腦區域（例如殼核〔putamen〕和小腦）在右側較大者，傾向於向右轉；而大腦左側較大者通常也會向左轉。

我們的轉向偏好也受到移動速度、慣用手和轉身訓練或練習等因素影響。當學生在 T 形跑道上走得較慢時，他們在返回時左轉或右轉的可能性都相同。然而，當學生在同一條跑道上跑步時，高速移動的人通常會向左轉。[29] 比利時的一項研究也得出類似結論。[30] 有人觀察過 107 名青少年在相距 9.5 公尺的兩條線之間來回行走和跑步，發現這組人普遍表現出向左轉的偏好，而且跑步時（71％向左轉）比走路時（59％向左轉）的左轉偏好更為明顯。

慣用手也會影響轉向偏好。有人曾經使用旋轉計監測自發性行走的 41 名成人。[31] 多數右撇子會表現出明顯的左轉偏好，而左撇子則不會表現出任何側偏好跡象。另一項澳洲的研究，約翰・布雷蕭（John Bradshaw）和朱迪・布雷蕭（Judy Bradshaw）[32] 針對男性左、右撇子以及女性左、右撇子，讓受測者戴上眼罩和耳罩旋轉和轉身，結果發現右撇子有向右轉的偏好，但左撇子則傾向於向左轉。同理，右撇子旋轉時通常會更常向右旋轉；而左撇子則相反，是向左旋轉。然而，當這四組人被要求走直線時，他們通常都會偏向右邊。

古典舞蹈訓練似乎也能調節人的轉向偏好。在一項針對受過訓練的舞者與新手舞者的研究中[33]，未經訓練的女孩偏好向左轉身（58％）。絕大多數受過訓練的舞者喜歡向右轉（只有一個向左轉），這表明舞蹈訓練和順時針舞蹈的流行可能會影響人的轉向側效應。

雖然多數人在功能上不對稱，但身體結構上往往相當對稱。然而，截肢者則不然，對他們來說，明顯的功能和身體不對稱屬於常態。在一項針對截肢者轉向偏好的研究中，泰勒（M.J.D. Taylor）及其同事[34]讓 100 名身體健全者和 30 名小腿截肢者，走向距離起點 12 公尺的標記，然後轉身、返回。身體健全的受測者傾向於向左轉（與最常見的慣用手和慣用腳相反），而截肢者大致上沒有表現出任何轉向偏好。這就表明生物力學側偏性會影響人的轉向偏好。

除了傾向於向右轉之外，我們在感知身體向右旋轉方面也比辨別向左旋轉更為準確（其他身體動作是一模一樣）。2013 年，莎拉・沃爾沃克（Sarah B. Wallwork）及其同事[35]向 1,361 名受測者，展示了 40 張模特兒頭部向左或向右轉的照片，並且要求他們確認旋轉方向（聽起來很容易，但做起來有點難；請參閱下頁圖 53 的示意圖）。這些人辨識向右轉頭時速度更快、更準確，這就表示右轉運動更容易想像。

| 正面 | 90 度旋轉 | 180 度旋轉 | 270 度旋轉 |

圖 53：這個範例顯示莎拉‧沃爾沃克及其同事如何排列頭部轉向的照片。

然而，右轉偏好可能並不適用所有人。前面幾章提過，側偏好可能會受到母語閱讀方向的影響。以英語為母語的人習慣從左到右進行視覺掃描，但學習從右到左閱讀文字（阿拉伯語、烏爾都語、希伯來語）的人，則會以從右到左的方式進行視覺掃描。在土耳其（鄂圖曼土耳其語〔Ottoman Turkish〕也從右向左閱讀），埃梅爾‧古內斯（Emel GÜne）和艾爾漢‧納爾恰奇（Erhan NalÇaci）[36]評估了31名7～13歲兒童的轉向偏好。使用的監測工具，就是前文提過的那種旋轉計。結果發現，在其他文化中發現到的右轉偏好完全消失了。多數孩子喜歡向左轉，而且這種偏好男孩比女孩更為明顯。

但不僅是土耳其孩童更喜歡向左轉。H‧D‧戴伊

（H. D. Day）和凱倫・戴伊（Kaaren Day）[37]觀察過一處托兒所，從中研究 67 名德州 3～5 歲兒童如何玩旋轉遊戲。他們以遮蔽膠帶標記了幾條跑道，孩子們可以在跑道上行走、跑步或騎三輪車繞行。無論孩子們選擇哪種方式繞圈，他們都傾向選擇逆時針（左轉）路徑，這與我們常在成人中看到的右轉偏好相反。（但並非總是如此，某些針對成人的研究發現了左轉偏好，特別是左撇子或其他不尋常的右腦情況。）[38～41]許多有組織的運動都包含逆時針運動，包括跑步、競速滑冰和自行車等奧運項目。甚至打棒球時也要逆時針跑壘。第十二章中會更詳細討論這些側偏好。

這些轉向偏好又是從何而來呢？人類和其他哺乳動物的這種情況，通常歸因於大腦結構（例如負責啟動運動的紋狀體）中神經傳導物質多巴胺濃度的不對稱。我們知道，在許多物種中，左側紋狀體的多巴胺濃度較高，並且由於左腦控制身體右側，導致了右轉傾向。解剖檢查人類的大腦後發現，多巴胺濃度存在不對稱性，左側蒼白球（globus pallidus，紋狀體內負責啟動行走等運動的結構之一）的多巴胺含量更高。

這種以運動為核心的解釋既簡單又直觀，非常吸引人。然而，我們的右轉偏好可能比這更為複雜。我們已經發現，這種效應似乎取決於許多因素，包括年齡、性別（可能還有性激素）和用手習慣，甚至可能牽扯母語閱讀方向。然而，如果我們排除運動系統的不對稱性，這種右轉效應會怎麼樣呢？

在此之前，讓我們先看看奧利佛‧特恩布爾（Oliver Turnbull）和彼得‧麥克喬治（Peter McGeorge）在1988年進行的調查結果。[42] 當時，他們要求383名受測者回憶自己近期是否撞到什麼東西，如果有的話，是身體哪一側碰撞到東西？根據他們的回憶，右側碰撞的事故比較多。此外，這些受測者還完成了一項名為「線等分」（line bisection）的臨床測試。研究人員向他們展示水平線，然後要求他們指出線的中點。神經系統正常者往往指得相當準確，選出非常靠近中間的點，但當他們錯過中點時，通常會選擇中心左側的點（也就是高估右半部的長度）。這種高估通常被稱為「偽忽略」（pseudoneglect）[43]，因為它類似於臨床的忽略症——一個人遭受腦損傷後，無法意識到空間的某一側（通常是左側）。「偽忽略」比臨床忽略症更加微妙,其特徵並非不注意空間的左側,而是將過多注意力分配到左側。

「偽忽略」程度愈高的人,愈有可能回報右側曾碰撞到東西,乍看之下似乎是矛盾的。然而,如果我們傾向關注左側物體,有可能就會稍微忽略右側物體,導致右側碰撞的機率增加,這正是因為忽略了右側空間。第十二章會討論運動偏好,當我們讀到相關內容時,會發現各種場景中這種「偽忽略」效應均顯而易見。

然而,我曾說要將運動系統排除在外,依然會關注這些轉向偏好。上述研究不需要受測者真正碰撞到東西,但人們仍然會想像運動場景。那麼要如何才能讓人在不動的情況下移動呢?嗯,我們的做法與幫助無法自由移動的人一樣——使用輪椅。澳洲學者麥可・尼科爾斯(Michael Nicholls)及其同事做過一系列巧妙研究,此研究需要不同類型運動的側面碰撞。在第一項研究中[44],他讓將近300名大學生走過一個狹窄的門口,從中記錄學生碰撞到門框的哪一側。最常見的結果是學生沒有撞到門框,發生機率為38%。其他學生就沒那麼幸運了。有些人碰撞了門口的兩側,出現機率是13.5%。然而,這項研究著眼於單側碰撞。右側碰撞的機率（占29.6%）比左側碰撞（18.7%）高得多。

第一項研究是讓學生穿越門口。在後續研究中[45]，研究人員採用了相同的任務設計，但受測者必須駕駛電動輪椅（使用把手）穿過狹窄的間隙，而不是步行穿過門口。當然，受測者仍然需要做一些動作控制輪椅，但這項任務主要變成了視覺感知任務，而非執行動作任務。結果如何呢？受測者仍然撞到了右邊。在最後一項研究中，同一批研究小組要求受測者使用雷射筆指出他們認為門縫的中間位置。[46]即使不再要求受測者通過門口，他們仍然誤判門口中心、指向偏右側之處。總體而言，從這些結果可以得知，右側碰撞效應可能是由於我們感知障礙物（如門口）的方式存在偏好，而不只是我們移動方式的問題。

重點 Takeaways

人們通常更喜歡向右轉。這種偏好在我們幼年時就已展現，甚至可能在出生前便已經存在。它影響我們進入新空間（如博物館、電影院、教室）時的行為、人們互動的方式（擁抱等社交行為），以及一群人如何透過舞蹈協調彼此動作。這種轉向偏好受到慣用手、年齡、性別、甚至母語閱讀方向的影響。正如其他章節所述，轉向偏好可能導致或促成其他側偏好，例如接吻、擁抱、選擇座位和運動時的偏好。雖然這些轉向偏好明顯涉及運動，但其效應確實牽涉感知層面。我們可以利用這些資訊做什麼呢？1933 年，愛德華・羅賓遜首次報告了博物館參觀者有轉向偏好，他當時建議應優化公共空間的布局，讓「教育效率（educational efficiency）的客觀標準可以取代藝術家、詩人和廣告人的直覺」。[47]90 年過去了，我們仍然有同樣的機會，應該根據這些科學研究的結果，從中提取資訊設計公園、博物館、學校和購物中心。我們甚至可以善用轉向偏好對人的影響，將物品（展品）適當擺設於上述場所。我們知道，人們進入某個空間時會自然向右轉，便可根據這種偏好規畫動線。如果我們希望民眾率先注意標誌或產品，甚至可以將它們放置在右側。

第 11 章

座位偏好：
選不選 2B 座位？

如果你獲得一個火箭上的座位，
別問坐在哪裡，上去就是了！
——雪柔·桑德伯格（Sheryl Sandberg），
Meta 平台營運長

找一個地方坐下應該是件簡單的事，但往往並非如此。如果我們要看百老匯或季後賽，很可能想找個視野良好的座位。但我們也許不想被別人看到，尤其當你謊稱「生病」請假去看下午的棒球賽時！在第四節課的課堂上，我們可能想坐在某位可愛的女孩或男孩附近，但又不想太靠近。也許那個討人厭的瑜伽課同學也要看同一部電影，讓你想儘量避開他。我們或許想坐在能夠伸腿的地方，或者靠近出口或窗戶，甚至靠近暖氣或冷氣口位置。我們或許需要手機或電腦能夠充電的地方，所以會看看房間裡哪裡有插座。如果我們搭飛機，可能希望坐在緊急出口那一排，因為腿部才能伸直，但一旦飛機出了事故，或許我們無法承擔拉動那個大把手的責任！以上是我們獨自尋找座位時需要權衡的因素。假使要和別人一起挑選座位，情況又會更加複雜。

　　本章將探討人在各種情況下挑選座位的側偏好。這種過程包含眾多因素，若僅從左右側的角度看待座位選擇，似乎過度簡化，但事實就是如此。然而，我們會發現，在如何就座和坐在哪裡的問題上，人們存在某些一致的側偏好。這些發現是透過各種研究方法得出的，而這些研究通常分為兩類。一是實際觀察人們在現實生活中選擇真實座位的行為（自然觀察）；二是要求受測者想像座位或在飛機、劇院或體育場的座位圖上，選擇虛擬座位。

我們將了解到座位偏好取決於場地類型。這項領域的多數早期研究著眼於小學教室，認為座位與學業成績有所關聯。如果長期以來，我們一直懷疑熱衷讀書的學生是否喜歡坐在前面，那麼我們會很高興地發現這種感覺有確鑿的證據支持。後來的研究更關注人們在電影院和大型商用飛機上如何挑選座位，其中電影院的座位研究經常發生在真實情境下；而飛機常是受測者需在紙張或線上座位表挑選位子。然而，為了因應 Netflix 和後疫情時代，電影院已轉向選擇線上座位分配座位（和高級座位）的商業模式。讓事情更加複雜的是，以往飛機座位和電影院座位之間的區別是模糊的。我小時候第一次搭乘商業航班時，一想到搭飛機還能看電影就很興奮（比那次經歷更過時的是，當時的飛機還設有吸菸區）。如今，大多數商用飛機都配備視聽螢幕，但隨著小螢幕和個人化機上娛樂的普及，大螢幕的機上電影已經消失。這就是進步。

當然，我們只在確實有選擇的情況下才能挑選座位。

當航班的入座率達到99％時，要想回家過感恩節，就得忍受痛苦，坐在一排位子的中間或靠近廁所的位子，甚至飛機最後面的座位。在婚禮、葬禮、政治活動或週日教堂禮拜上，誰必須坐在哪裡，都有文化規範和成文（甚至不成文）的規定。

如果我們利用 Google 搜尋如何在電影院或飛機上挑選座位，通常會得到相當複雜的建議。看電影時，最好坐在中間，與螢幕保持一定距離，以免拉傷頸部和得到動暈症（motion sickness），但又要近到可以看到螢幕上的所有細節。由於中間座位（前後和左右）可享受最佳化的混音效果，建議坐在中間並靠後三分之二的位置（請參閱下頁圖54）。

挑選飛機座位的建議則更加複雜。多數人喜歡坐在靠前的位置（大概是想先下飛機），而其他因素則取決於個人喜好。我們想要有伸腿的空間（靠走道的座位），或者能夠看到機外風景（靠窗戶的座位）？我們想要離廁所近一點或遠一點？如果機艙內有螢幕，我們是想要看得夠清楚，還是不希望被播放的畫面打擾？如今是後疫情時代，有些人會選擇通風良好以及與其他乘客和空服員接觸最少

圖 54：電影院裡最理想的座位，可以享受最棒的視聽體驗。

的座位，因此他們更喜歡靠近飛機前部的靠窗座位。

　　許多乘客喜歡位於飛機實體屏障（牆壁、螢幕、窗簾）正後方的隔間座（bulkhead seat），因為坐在那裡，正前方沒有乘客，沒人會傾斜座椅，躺在他們的腿上大啖據說美味十足的飛機餐。大家都有共識的位子為數不多，其中之一是過道的中間座位。幾乎每個人都認為這是最糟糕的位置，即使坐在那裡可以擁有兩個扶手（但並非人人都知道或遵循這條「規則」）。我們也應該留意艙壁前面的座位，因為這些座位的傾斜角度通常不能太大（如果座位能夠後傾的話）。

教室位置和成績有關?

早期探討座位偏好的多數研究都著眼於課堂環境,致力於調查座位偏好(左右、前後)與學業成績之間的關聯。例如,1933年保羅·法恩斯沃斯(Paul Farnsworth)[1]給學生們看了一張座位表,要求他們確認在四位不同的教師所教授的三門不同學科時,喜歡坐在哪裡。他根據座位位置比較學生的學業成績,發現成績最好的學生往往坐在教室的前面,稍微靠中間偏右的位置。法恩斯沃斯解釋這種效應時,沒有關注學生的感知和偏好,而是把注意力集中在教師身上。他認為教師會更加關注坐在前排的學生。此外,慣用右手的教師在黑板前的位置(互動式電子白板和液晶投影機在1933年比較罕見),通常會偏向教室的右側,因此學生坐在右側會離教師更近一些。自最初的研究以來,幾個研究小組也都指出「喜歡讀書的學生坐在前面」的效應。[2、3]

後來的研究更加關注學生本身以及教學材料。在1970年代初期,一些研究人員認為,可以觀察某個人思考時凝視的方向推斷他哪一側的大腦被激發(啟動)。[4]向左看應該表示右腦被激化,反之亦然。拉奎爾‧古爾(Raquel Gur)及其同事[5]按照這個邏輯,檢查了74名學生的側向眼球運動,並比較這些側偏好與其喜歡坐的位置。他們詢問學生語文類或空間類問題,測量他們眼球運動的方向性,記錄學生回答問題時眼睛朝哪個方向看。他們認為:座位偏好反映的是「眼球運動方向觸發了反側的大腦半球更加活躍」。[6]換句話說,若一個人思考時常往右看,他應該更喜歡坐在左邊;而習慣向左看的人,應該傾向於坐在教室右邊。果不其然,「眼球向左移動者」(70%或更多的人眼球會向左移),更喜歡坐在教室右側。反之,「眼球向右移動者」則會選擇坐在教室的左側。因此,學生傾向於坐在有利於他們習慣處理資訊方式的位置。

1976年的後續研究提出了更引人注目的問題,當時同一批研究人員調查了精神病理學(psychopathology)與教室座位偏好之間的關係。[7]這個連結關係乍看之下可能很奇怪,但即使在1970年代之前,許多研究便已經指出,諸多精神障礙(mental disorder),尤其是情緒障礙,其實和右腦的功能障礙或損傷有關。[8]研究人員向心理學入門課程的數百名大學生,提供了一份精神疾病的調查問卷，問卷包含 124 項問題，涵蓋 65 種精神疾病，比較了坐在左邊和右邊的學生得到的分數。坐在右側的男生，在精神病理學方面的得分高於坐在左邊的男生，但研究人員在女性身上發現相反的效應。坐在左邊的女生，比坐在右邊的女生在精神病理學方面得分更高。因此，在男性中，右腦與更嚴重的精神病理學有關。

我們也可以找出偏好坐左邊或右邊座位的人，進一步探討這兩組人之間的差異，從中研究座位偏好與個性或學習風格之間的關係。這就是拉里・莫頓（Larry Morton）和約翰・克什納（John Kershner），1987 年於多倫多大學（University of Toronto）所做的實驗。[9] 他們當時預測，孩童會想好挑選座位的策略（以及相應的系統性座位偏好），提高學習效率、以最輕鬆的方式讀書。莫頓和克什納沒有要求學生在某種情況下表明自己的座位偏好，而是找出那些表現出喜歡坐在右邊或左邊的學生，然後調查這兩組之間的差異。他們推測孩子們會想好挑選座位的策略（以及所坐位置的系統性偏好），最大限度地提高自己的學習效果。

因為右腦通常專門處理情感和空間內容，而左腦往往負責處理語言。莫頓和克什納便推測,喜歡語言學習風格的孩童,會想在學習時使用左腦(空間的右側);而學習風格傾向視覺空間的孩子,會希望優先使用右腦(空間的左側)。研究人員也預測,坐在右邊的孩子拼字能力會更好,但發音會出現更多錯誤;而坐在左邊的孩子發音會更準確,但拼字錯誤會更多。

教師在進行拼字測驗時,會記錄每個學生在教室哪個位置以及性別。他們分析了發音準確的拼字錯誤(這表示學生更依賴語音過程而非視覺過程),和發音不準確的拼字錯誤(暗示學生更依賴視覺過程而非語音過程)。

上述的預測是正確,事實證明,坐在右邊的孩子拼字成績較好。坐在右邊的孩子,拼字較依賴「非語音過程」而不是語音處理過程。相較之下,坐在左邊的孩子在拼字方面得分較差,但只有坐在左邊的女孩在非語音過程的使用上,表現出下滑現象。莫頓和克什納的結論是,坐右側的孩子在學習時可能更依賴右腦的處理,這會增強對整體字彙的視覺記憶。

我的研究團隊也曾研究課堂中的座位偏好,但我們沒有著眼於小學生和拼字能力,而是研究大學生。[10] 這些課程往往以講座為基礎,要求學生分析思考,因此,我們認為這類課堂內容會選擇性利用左腦的語言資源。請記住,呈現給觀察者右側的內容主要由左腦處理。所以,我們假設大學生更喜歡坐在教室左側座位,如此一來,更多的課程內容將從觀察者的右側輸入,進而左腦優先處理。

為了評估大學生的座位偏好,我們確定教室是左右對稱的,出入口或教室設施位置不太可能影響學生挑選座位的模式。在為期九週的時間裡,我們在每堂課開始時參觀這些教室。如果剛開始上課時,教室可容納人數為50％或更多(學生在選擇座位時仍有相當自由度),我們會從教室後方拍攝全景照片,評估座位分布。最終,我們得到涵蓋29間不同教室、共41次課堂紀錄的樣本。在編碼和分析資料時,我們發現大學生有偏向朝左邊坐的現象(請參閱下頁圖55)。[11]

這對我們來說,是十分獨特且令人振奮的結果。早期對小學生的研究報告中指出,學生們偏好坐在教室右側,但我們對大學生的研究卻發現了相反的現象,而且實驗環境也截然不同。回想一下,早期對教室座位的研究,學

	教室前面

□ 空位	■ 7～9位學生
□ 1位學生	■ 10～12位學生
□ 2位學生	■ 13～15位學生
□ 3～4位學生	■ 16～18位學生
□ 5～6位學生	■ 19位以上的學生

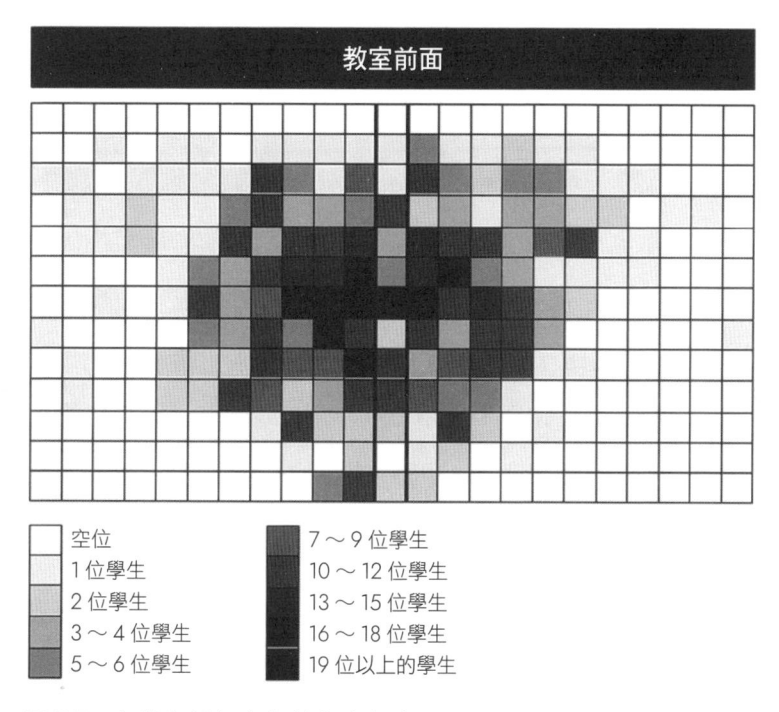

圖 55：大學生偏好坐在教室的左邊。

生傾向坐在右邊，而右邊的學生通常在拼字測驗中得分較高。可惜的是，我們無法將大學生的座位位置與課堂上的學業表現進行比較，因此無法確定觀察到的左傾偏好，是否也與提升課堂表現有關。我在大學教書二十多年，我可以告訴你，大學生的拼字能力一點也沒有進步。

看電影時，你會坐在哪一邊？

現在讓我們走出教室，去電影院看看吧！電影院和演講廳在外觀上看起來很相似，但兩者前方播放或上演的內容可能完全不同。2000 年，保加利亞人類學家喬治·卡列夫（George Karev）發表了一項關於電影院座位偏好的研究[12]，但他除了詢問人們喜歡坐在哪裡，還想研究慣用手的影響。（說句題外話，每次我向人們描述現實世界的側偏好時，他們幾乎都會問左撇子的情況是不是相反。我的答案通常是否定的。）

卡列夫野心勃勃，進行了一項研究，使用五張電影院大廳的座位圖，讓數百名學生（264 名右撇子、246 名雙手靈活者，以及 360 名左撇子）在圖上標出他們喜歡的位置。無論用手習慣如何，這三個群體在選擇座位時都喜歡靠右側的位置，這表明了感知的側偏好。這種偏好在右撇子身上最為強烈（88.26％ 選擇右側座位），在雙手靈活者的人當中較弱（66.67％ 選擇右側座位），而在左撇子當中最弱（57.50％ 選擇右側座位）。卡列夫得出的結論是，之所以有右側座位偏好，是因為靠右位置有利於注意力向左偏，進而激發和暴露主導情緒的右腦。他還使用期望偏好（expectation bias）一詞描述挑選座位的問題，因為個體會根據即將呈現的內容決定坐在何處。

在2006年一項後續研究中，彼得・韋爾斯（Peter Weyers）及其同事[13]使用了與卡列夫類似的程序，同樣發現了挑選座位時的右側偏好。然而，當劇院不是以標準視角呈現時，這種效應便消失了。如果座位圖上螢幕或舞台位置從頁面頂部移到側面或底部，挑選右方座位的偏好就會消失。韋爾斯及其同事並未發現選擇右方座位的偏好，因此認為「真正的」偏差是偏向紙張右側，而非劇院的右側。如果電影螢幕不再出現於圖紙上方，受測者就會選擇劇院的左側座位，此時選的座位便位於圖紙右側。研究人員也反駁期望假說（expectancy hypothesis），聲稱這種座位偏好只是人們普遍偏向空間右側的另一種表現形式。

你曾經去看一部自己並不期待的電影嗎？當然，我可以想到我認為必須看的電影（就是《辛德勒的名單》〔*Schindler's List*〕），電影拍得非常棒，但觀影過程不一定讓人愉快。我還可以列出幾部我看過的兒童電影，但在此處列出片名，我的孩子肯定會找我麻煩。在日本，大久保街亜（Matia Okubo）[14]跟進了韋爾斯的研究，但他想知道如果人們真心想看某部電影時，挑選座位的偏好是否有所不同。他測試真正想看電影的人（具有積極動機），發現他們對於電影座位圖也有同樣的右側座位偏好。然而，當想看電影的積極動機消失時，右側座位偏好也不見了！這似乎表明，人們在觀看電影時必須調動主導情緒的右腦，才會出現右側座位偏好。

我的研究團隊也研究過電影院的座位偏好[15]，但我們的研究與早期研究相較下有一項重要的差別。早期的劇院座位研究，使用圖紙座位表來確定座位選擇，並且假設人們在紙上做出的選擇，與實際走進擁擠劇院時所做的選擇是一樣的。而我們進行研究時，是實際觀察民眾走進真實的劇院觀看電影，並且記錄他們真正坐定的位置。我們採用的方法與本章前文描述的課堂研究方法類似。對於入座率低於50％的電影（電影開始播映時還有很多座位可以選擇），我們從後方拍攝了開播時的觀眾位置照。正如早期使用座位表的研究一樣，我們實際發現到人們偏好坐在電影院右側（請參閱下頁圖56）。

回想一下，右腦主導情緒處理，尤其是在分類負面情緒內容時。觀眾在看電影時，似乎偏好讓右腦接收電影畫

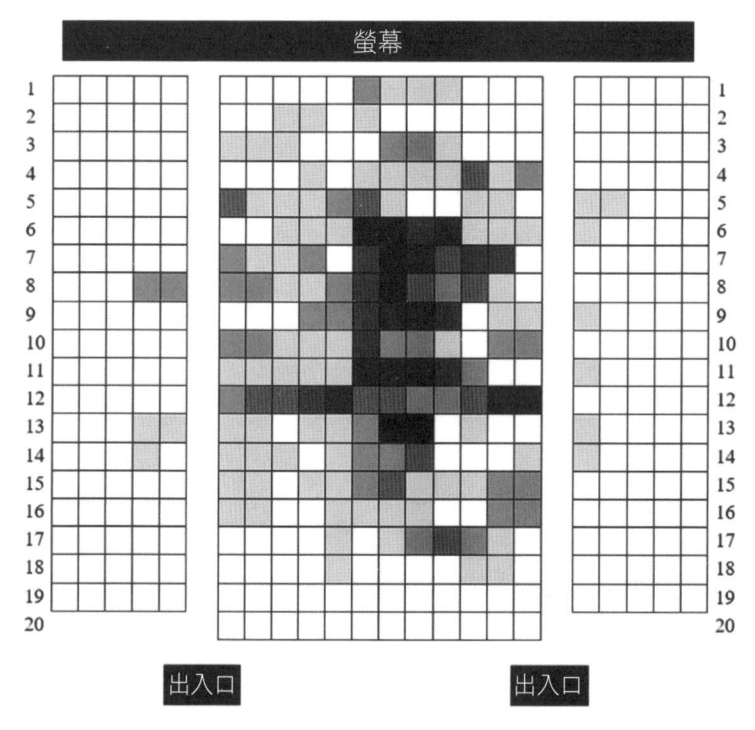

圖56：民眾看電影時偏好坐在右側。

面，故而坐在電影院右側，讓大部分的螢幕位於他們的左側（讓右腦優先感知）。人們看電影時會期待能激發情感的內容，而這種期望會影響他們如何挑選座位。

飛機選位，英國和澳洲研究結果不同

在大賣場裡找個地方、快速吃一餐，並不是什麼大事。如果我們選到的座位位於通道，風大或者位於通往廁所的路上，也只是短暫的痛苦不適，忍一下就好。然而，如果我們搭乘跨洋航班時選錯座位，可能會痛苦許多，讓我們後悔好幾個小時並且多年後還忘不了。不幸的是，關於飛機選位的研究有些混雜，結果不一，很難根據少數可用的研究提出該坐在哪裡的具體建議。這一點尤其令人驚訝，因為飛機在設計上是不對稱的——我見過的每架商用客機其主要出入口都位於飛機左側。使飛機座位偏好研究更為複雜的另一個因素是，視聽螢幕等設施安置的位置。飛機曾是所謂的飛行電影院，但大型共享螢幕已經跟沒落的百視達一樣消失得無影無蹤了。

其實，某些商業航空公司已經發布他們對於座位偏好的研究，但這些研究卻也提供了相互矛盾的訊息。2012年，英國易捷航空（easyJet）推出新的線上預訂系統時曾發布新聞稿，聲稱使用新系統的乘客偏好選擇左側的座位。然而，2年之後，易捷航空發布了一份標題逗趣的報告〈選不選2B座位〉（"2B or not 2B"），報告指出乘客更喜歡預訂右邊的座位。根據某項調查，英國航空（British Airways）的乘客在搭乘寬體飛機（wide-body airplane，雙通道飛機）時，也偏好右側座位。[16]

2013年，麥可・尼科爾斯及其同事在澳洲進行了一項飛機座位偏好的大規模研究。[17] 他們分析了100架飛機上八千多個座位真實入座的情況，發現民眾偏好挑選飛機左側的座位。他們得出的結論是，這種左側座位偏好很可能是右轉傾向的結果。因為，乘客從飛機左側靠近駕駛艙的位置登機後，會自然地右轉進入後方機艙，因而走向左側的座位。

在現實世界中觀察人們在真實情境下的行為，具有很多優點，例如效度（validity），但這樣做同樣會有重大缺點。最值得注意的是，研究時無法控制某些可能影響利益行為的因素。過去研究之所以有結果落差，可能與機艙內螢幕擺設的位置有關。另有某些語言提示，可能讓乘客傾向於選擇左側的座位。在窄體飛機上，座位是用字母標示，左邊的三個座位標記為A、B和C，右邊的座位則標示為D、E和F。乘客可能只是單純偏好順序較早的字母，才會傾向選擇左邊座位。此外，航空公司究竟如何「釋出」

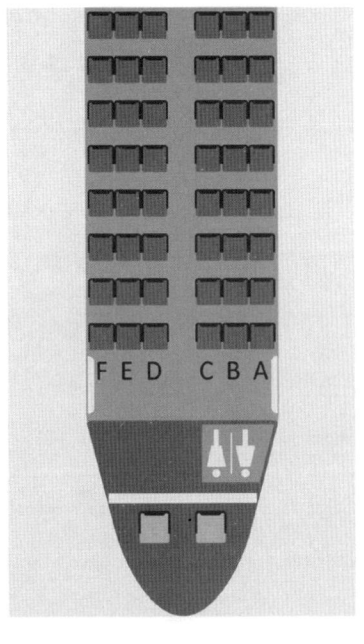

圖 57：研究使用的虛構機艙座位圖。機艙前部位於圖紙上方，A 到 F 表示從左到右的座位標號，人們可指出他們喜歡坐在哪裡。無論座位圖如何轉向，乘客都偏好坐在飛機前部的右側座位。

或分配座位給乘客，目前還不是完全清楚，以及哪些演算法可能影響了現實中的座位選位方式。在這方面，使用虛構座位圖進行虛擬飛機和幻想旅行的研究便具有優勢。所有這些變數皆可控制和操縱。

為了更準確地探討這些問題，英國最近一項後續研究為虛構航班安排了自己的座位圖，並且以不同的方位呈現。[18]螢幕的右側有時代表飛機右側，但偶爾又代表飛機的左側（請參閱上頁圖57）。無論座位圖的方位如何，搭乘這些虛構航班的潛在乘客更喜歡前面、位於靠窗或走道（而非中間），以及飛機右側的座位。換句話說，英國的發現與澳洲研究團隊的報告完全相反。為什麼？難道是因為澳洲人生活在南半球，所以上下顛倒，左右也相反？我只是開個玩笑……嗯，算是吧！

重點 Takeaways

我們調查了教室、電影院和飛機上的座位偏好，發現了相互矛盾的資訊，但也得出了一些規律。在小學教室裡，熱衷讀書的孩子往往坐在靠前且稍微靠右的位置。在大學課堂上，這種左右趨勢似乎相反，多數學生會選擇左邊的座位。在電影院裡，觀眾傾向選擇戲院右側座位，特別是如果他們真心想看電影時。會有這種效應，至少部分原因可能是因座位圖上的右側偏好，而非現實世界的選座行為所造成。最後，探討飛機座位選擇的研究，出現了分歧的結果。某些研究發現，無論座位圖的方向如何，人們都偏愛右側座位；而另一些研究則指出，在真實世界中，澳洲乘客傾向於挑選左側座位。當然，在這些情況下，選擇座位的行為差異甚大。當我們走進教室時，通常會快速掃描教室後於真實空間中即時選位。機位選擇是非常不同的。我們通常是看著螢幕上的座位圖選位子，有時是在實際入座前幾個月便選好座位，而且選擇時我們可能會被座位圖的方向和標示影響，而不只是座位在飛機上的實際位置。哪個座位最好？這取決於具體情況以及實際上選位方式，選不選 2B 座位，這確實是大哉問。

第 12 章

運動偏好：
左動作「對決」右動作

> 我會選梅西的左腳、內馬爾的右腳、C 羅的心態，以及布馮的優雅。
> ——法國足球員基利安・姆巴佩
> （Kylian Mbappé）論完美球員

很難想像還有什麼場域比體育競技場更適合研究人類行為的側偏好了。前面的章節討論，研究人員費盡心思觀察、編碼和分析人們在機場如何擁抱和親吻，或者母親分娩後不久抱新生嬰兒的方式。這類行為的記錄和評估，其實相當罕見。因此，相關科學論文描述其研究方法的段落，讀起來可能有些奇怪。有時，這些論文甚至讓人感覺在偷窺別人。但體育運動則不然。你還能在哪裡找到某人用手習慣的詳細紀錄，以及其他重要統計數據（譬如性別、身高、體重和年齡），加上各種任務熟練程度的客觀衡量標準？以棒球統計數據為例。只要能夠上網，便能進入從 19 世紀以來的詳細資料庫，當中會列出運動員的慣用手、打擊率（以及其他一系列表現指標），甚至運動員的壽命也赫然在列。體育統計是一門大生意，但對於像我這種研究側偏好的人來說，它們也是有用的數據寶庫。

研究運動中的側偏好還有另一項重要原因。它可能幫助我們解決側偏好研究中最大的謎團。我們知道，大約 10％的人口是左撇子，而幾個世紀以來，10％對 90％的比例一直相當穩定[1]，但我們不知道個中原因。當然，我們知道用手習慣會在家族中遺傳[2]，而且在不同文化中也差異甚大。[3]我們甚至掌握一些重要線索,足以解釋年輕人如何以及何時形成用手習慣,但這並不能解釋為何數個世紀以來右撇子一直占主導地位,或者說明為何少數左撇子群體仍然持續存在。

第一章詳細介紹了與左撇子有關的所有負面情況,包括較高比率的產程傷害、自體免疫疾病,以及一些更為正面的關聯(在高智商天才和專業藝術家之中,左撇子的比例偏高等)。然而,在右撇子占大多數(90%)的世界中,這些關聯或機制都沒有告訴我們左撇子為何具有優勢。

其中一項主要理論非常簡單。也許左撇子過去在戰鬥中占了上風,現在依舊如此。時至今日,在大多數已開發國家,徒手打鬥十分罕見。我們可能從晚間新聞或Twitter得到社會暴力頻傳的印象,但現代社會的暴力事件的確是愈來愈少。史迪芬・平克(Steven Pinker)的著作《人性中的良善天使》(*The Better Angels of Our Nature*)[4]中,適切闡明近幾十年或幾百年、甚至幾千年來,世界如何變得更安全且暴力日趨減少。然而,人類的集體歷史其實充滿暴力,令人不安。從地球上碩果僅存的少數狩獵採集部落(例如亞馬遜雨林中的亞諾馬米人〔Yanomami〕)便很容易察覺這段歷史的迴聲。[5] 即使粗略閱讀這些狩獵採集部落的人類學紀錄，也會發現其中暗藏的黑暗歷史。暴力在這些社會中屢見不鮮，擅長暴力者（主要是男性）會獲得豐厚的回報，既能累積物質財富，也能成功繁衍後代。這些部落的男性若能殺死別的男人，往往會有更多的孩子。[6] 因此，這些善於暴力的男人不僅得以存活，也能確保他們的基因在下一代充分延續。

根據「戰鬥假說」（fighting hypothesis）[7,8]，左撇子在對抗身體攻擊時具有優勢，這便抵消了慣用左手可能帶來的不利影響，例如更高的自體免疫疾病的發病率。戰鬥時左撇子會占上風，主因是右撇子通常很少面對左撇子，對其不夠熟悉。右撇子可能較難察覺左撇子的攻擊動作，也不太能預測左撇子的舉動，甚至難以擬訂戰勝左撇子的策略。右撇子對戰左撇子時，甚至可能需要利用心像旋轉（mental rotation）[9]，刻意反轉一系列的進攻或防守動作。

這個耐人尋味的理論，提出了許多顯而易見且易於檢驗的預測。左撇子在男性族群中比例更高，因為在身體攻擊行為上，男性的「選擇壓力」（selection pressure）從過去到現在都比較大。我們也應該在拳擊、摔角和綜合格鬥（MMA）等對抗運動中，看到更多的左撇子選手。此外，我們確實發現擅長這類格鬥運動的左撇子應該表現得更出色，特別是當他們與右撇子對抗時。讓我們檢視其中一些預測，看看結果如何。

左撇子在格鬥運動中的比例是否偏高？看起來確實如此。讓我們看一下擊劍運動。在1981年的世界擊劍錦標賽（World Fencing Championship）上，鈍劍（foil）比賽的選手有35％是左撇子，而一般人口中左撇子的比例約為10％。[10] 此外，左撇子擊劍選手更有可能晉級到後幾輪賽事。這種效應並非1981年特有。從1979～1993年之間，44.5％的擊劍錦標賽冠軍為左撇子。[11] 在1980年夏季奧運會上，左撇子擊劍運動員包辦了比賽的前八名。在我所能描述眾多迷人且有成就的左撇子擊劍運動員中，有一位鶴立雞群、最為突出。愛德華多・曼賈羅蒂（Edoardo Mangiarotti）出生於1919年，天生就是個右撇子，但他的父親朱塞佩・曼賈羅蒂（Giuseppe Mangiarotti）──17屆義大利全國擊劍冠軍，卻讓他改用左手。愛德華多切換到左手後，在接下來的世界錦標賽和奧運錦標賽中，贏得39枚金牌、銀牌和銅牌，這項紀錄至今無人能破。[12～14]

圖 58：愛德華多・曼賈羅蒂天生就是右撇子，但他的父親將他訓練成用左手拿劍，使他成為歷來戰績最佳的擊劍選手。

左撇子擊劍選手顯然占有「利刃般的優勢」。

然而，這種優勢並不僅限於擊劍。在一項針對九千八百多名職業拳擊手和綜合格鬥選手的大型調查中，左撇子所占比例偏高，而且他們往往能在拳擊場上取得更好的戰績。[15] 男性（17.3％為左撇子）和女性（12.6％為左撇子）拳擊手的左撇子比例，都比較高。可以透過幾種有趣的方式衡量拳擊選手是否成功。在最高級別，拳擊手是否成功，可能取決於他們的獎金收入，或者在拉斯維加斯大道（Las Vegas Boulevard）上有多少展示他們面孔的告示牌。然而在較低的級別，拳擊手是否成功，可以透過獲勝次數、擊倒次數、得分高於對手的回合數，甚至根據 BoxRec（譯按：職業拳擊專業網站）的分數指標衡量。[16]

男性左撇子拳擊手有更高的勝率和 BoxRec 分數。女性左撇子拳擊手與同性右撇子選手相比，也會有更高的 BoxRec 分數（這是一種更全面的戰鬥能力衡量標準），但勝率並沒有更高。

在綜合格鬥中，左撇子選手的比例也偏高（在合併男女選手的樣本中，左撇子比例為 18.7%）。儘管左撇子綜合格鬥選手並不比右撇子選手更重或更高，但他們的勝率卻更高，這點與戰鬥假說一致。[17]

在戰績良好的摔跤選手中，左撇子的占比同樣很高。在一項針對世界錦標賽摔跤參賽選手的慣用手調查中，左撇子並沒有比右撇子多（在 440 名選手中有 44 名左撇子，這點反映了一般人群中 10% 為左撇子的情況）。然而，左撇子選手比右撇子選手輸掉的回合更少，並且比賽中往往能夠取得較佳名次。在獎牌得主當中，左撇子和雙手靈活的選手獲得了 34％的金牌、35％的銀牌和 27％的銅牌[18]，遠高於左撇子在一般人口中約 10％的比例，超過隨機機率所能預期的表現。

在空手道和跆拳道等傳統武術中，左撇子的比例也偏高。[19] 因此，左撇子的優勢似乎也讓這些選手贏得更多比賽和囊括更多獎牌，至少女性選手如此。即使與實戰搏鬥關係不緊密的運動中，左撇子似乎仍占有優勢。在射箭中，左撇子選手射出的箭矢往往能取得更高的分數。[20] 不過，請先記住射箭這項運動，因為稍後我們會回頭以不同的角度談論它。

如果我現在就結束這一章，便可讓讀者留下一個簡單並有強力證據支持的說法：左撇子天生就得面對某些劣勢，但數個世紀以來，左撇子之所以一直存在，是使用左手戰鬥時能具備優勢，而這種優勢足以抵消、甚至超越前述左撇子伴隨的劣勢。但事情並沒有那麼簡單。除了戰鬥假說，還有另一種假說，但名稱更加拗口──「負頻率依賴選擇假說」（negative frequency-dependent selection hypothesis）。[21,22] 儘管這項理論的名稱比戰鬥假說更冗長和複雜,但它的核心概念更為簡單。簡而言之,它指出左撇子之所以更容易成功,是因為他們的人數較少(出現頻率較低)。右撇子拳擊手通常比較少有對抗左撇子選手的經驗。這兩個假設適切解釋了格鬥運動的數據,但事情沒有就此結束,至少對於這個新假設來說,還沒有劃上休止符。

愈來愈多人一致認為,左撇子在格鬥運動中所占的比例偏高,並且按比例來看,他們人數雖少,成績表現卻很突出。然而,左撇子在其他運動中同樣活躍。許多非對抗性運動似乎也有利左撇子。在板球運動中,某些戰績最佳的球隊擁有接近50%的左撇子擊球手,而在2003年世界盃上,左撇子擊球手總體的比例為24%。[23] 其他「高速球類」運動似乎同樣有利左撇子,包括棒球、足球、籃球、排球、澳式足球(Australian football,又稱澳洲規則式足球或澳式橄欖球)、水球(water polo)和網球。[24～32] 在水球比賽中,左撇子最常見於側翼球員的位置。在2011年、2013年和2015年的世界錦標賽,左撇子分別占男選手的24%和女選手的34%。[33] 此外,左撇子球員的射門次數和進球數也更多。在澳式足球中,左腳罰點球

（penalty kick）比右腳罰點球成功率更高。[34] 雖然，我將水球和澳式足球等運動稱為「非對抗性」運動，但只要你觀看或參與這些運動就會知道，對抗可能不是這些運動的主要目標，但仍然是其中一項因素。現在讓我們把注意力轉向網球——這項歷來帶有性別偏見、被稱為「紳士運動」的比賽。

一項針對 1968～2011 年間，參加大滿貫賽事的職業男子網球運動員所進行的調查顯示，在首輪比賽中，左撇子僅占所有選手的 10.9％（大約符合一般人口中的比例）。但在晉級決賽的選手中，有 17.1％是左撇子，最後贏得冠軍的，更有 21.2％為左手持拍的運動員。[35] 在 1973～2011 年間，網球選手的年終排名也呈現類似模式。左撇子在所有球員中所占比例並不高（9.6％），但在前 100 名的球員中（13.4％），特別是在高居前 10 名的選手中（13.8％），左撇子的比例要高得多。同樣的效應也存在女性職業選手中，但不那麼明顯。

在網球運動中，左撇子優勢並不限於職業選手。在一項針對 3,793 名業餘選手的調查中 [36]，左撇子的比例甚至低於一般人口中的左撇子占比（男性選手為 6.8％，女性則為 4.4％），但隨著成績分數逐漸提高，左撇子出現的頻率便顯著上升。可以說，左撇子球員更能在高水準比賽中獲勝。

在我們繼續討論其他運動前，可以介紹許多富有魅力、戰績輝煌且為人風趣的左撇子網球選手，其中西班牙運動員拉斐爾・納達爾（Rafael Nadal，請見下圖 59）特別值得一提。如同本章前文提過的擊劍選手曼賈羅蒂的故事，納達爾也是左撇子網球選手，一生戰績顯赫，但據說

圖 **59**：據報導，職業網球運動員納達爾小時候是右撇子，但在叔叔的鼓勵下學習用左手打球。

他是「天生的右撇子」。納達爾小時候是以右手完成最需要技巧的事，例如寫字和投擲東西。他最初接受訓練時是左右開弓，然後在叔叔托尼・納達爾（Toni Nadal）的「鼓勵」下開始練習左手揮拍，特別是打反拍時。納達爾已經手握91個網球賽事冠軍，其中包括21項大滿貫冠軍，而且目前仍在征戰賽場，托尼當年的訓練策略似乎得到了回報。

為何左撇子網球選手的戰績會更好？他們的優勢可能是一般性的，例如戰鬥假說或負頻率依賴選擇假說中闡述的優勢，但這也可能是網球比賽中更為具體的東西。德國的研究小組[37]分析了54場職業網球比賽後發現，右手持拍的選手與左撇子比賽時，很難將球擊向對方的反手位（通常這一側的回擊球會比較弱）。同一個研究團隊還讓108名網球運動員觀看預先錄製的網球比賽，並且詢問他們會把球打向對方球場的哪個位置，從中衡量他們的戰術策略（姑且不論他們的擊球能力如何）。正如研究人員從職業球員身上發現的那樣，這些球員很少打算將球擊向左撇子對手的反手位。因此，左撇子網球選手之所以戰績較好，至少部分原因是右撇子球員對他們採取了不太有效的策略。當然，同樣的優勢也可能出現在其他運動和格鬥上，甚至可能是負頻率依賴選擇效應的機制。

足球運動中，教練訓練年輕球員時會明確要求他們習慣雙腳並能靈活運用。其實，足球員若是經常只用某隻腳踢球，通常會被認為教練不稱職，或者他們練習不足。在歐洲職業足球中，雙腳左右開弓的球員其實賺得更多（根據不同的聯賽，薪資會高出 13.2～18.6％）。[38] 然而，足球賽事中有特定任務和比賽要求，需要熟練左腳踢球的球員上場。如我們在第一章指出的，慣用左腳的人大約占總人口的 20％。[39、40] 1998 年世界盃期間，針對 236 名國際足球總會球員共 19,295 次的踢球分析，發現在這些菁英足球員當中，有 79.2％的人更喜歡用右腳踢球，這與普通人群中的慣用右腳比例相同。[41] 然而，足球界對左腳踢球球員的需求接近 40％。我們可以預料的是，球員的用腳偏好會影響他們參加菁英級別比賽的機會。在荷蘭一項關於國家足球隊選拔的研究中，有人追蹤調查了 U16 至 U19 隊的 280 名年輕足球員（開始時年齡為 16 歲，5 年研究期），從中衡量他們能否順利入選國家青年隊。擅用左腳球員顯然具有優勢，得以擠進國家青年隊，因為該隊中有 31％是左腳踢球的球員。[42]

另一項需要展現「雙邊能力」（用手運球而非以腳控球）的運動是籃球。左右開弓的球員比單手控球的球員更擅於防守或得分，更能因應不同情況取分，同時也讓對手更難防守。令人驚訝的是，一項針對 NBA 球員（1946～2009 年間至少參加五場比賽的 3,647 名球員）的大規模研究發現，左撇子的比例很低（5.1％），只有左撇子在普通人群中占比的一半。然而，這一小群左撇子球員表現出色，在場均得分、投籃命中率、助攻和籃板方面都優於右撇子選手。[43]

然而，將這些運動按「速球」（fast ball）的常用分法歸為一類，那就過於簡化了。這些運動還有一些共同點——它們都是互動式比賽，選手不僅要和球互動，也要與其他選手互動。將它們視為格鬥運動可能有些過分，但格鬥運動和這些互動球類比賽確實有一些共同點。這些「速球」運動另一個常見因素是時間壓力。例如打高爾夫球時，準備擊球時有的是時間。但在棒球、板球、足球或網球之類的運動中，對手會決定你有多少進攻時間，你不能等待完美的一擊自行出現，必須主動創造機會。

佛羅里安・羅分（Florian Loffing）曾在德國進行一項研究，檢視運動中時間壓力與排名前百大運動員中左撇子比例之間的關係。[44] 所謂時間壓力，是指兩名競爭者之間連續動作的平均間隔時間。對於揮拍運動，這個時間是球拍和球接觸的間隔。桌球的間隔很短，因此時間壓力很大，而羽球或壁球的間隔時間則比較長。在板球和棒球等運動中，要測量投球和與球棒接觸的時間來估計時間壓力。棒球比板球有更大的時間壓力，而且這兩種運動的球速都比網球或羽毛球等揮拍運動的球速要快得多。在球速最快的運動項目中，排名前百大的運動員中左撇子的比例往往最高，例如棒球（投手占30.39％）、板球（投手占21.78％）和桌球（25.82％）。而在壁球等比較慢速的互動球類運動中，左撇子選手的比例最低（8.70％）。

左撇子在速球運動中之所以享有優勢，也可能是因為右撇子選手無法準確「解讀」或預測他們的動作。有人研究排球時展示選手扣球前的影片片段（但在實際扣球前停止畫面），然後要求觀看者預測扣球軌跡（請參閱下頁圖60）。他們向18名熟練排球打者和18名排球新手，展示了3名右撇子排球選手和3名左撇手運動員扣球的影

圖 60：老手和新手觀看了左撇子或右撇子排球選手扣球前的動作片段。這些觀察者必須根據先前動作預測扣球方向，而他們對右手扣球者的預測更為準確。

片。這些觀看者對左手攻擊結果的預測不如右手扣球軌跡的預測準確，而且新手比老手更容易誤判。[45]

截至目前，我們對運動側偏好的討論主要集中於運動員本身的側偏好，尤其是他們對某一側肢體的偏好。然而，我們還得探討人體感知的層面，這點非常有趣。運動員會不斷預測球可能的落點、防守者的移位，或是持球或拿鈍劍的「攻擊者」會採取何種進攻策略。這些對大小、距離、速度、軌跡的判斷和預測，是否也會因為我們功能不平衡的大腦而失之偏頗呢？當然如此！

讓我們從澳式足球中的射門談起。第七章提過一點——人們往往會高估左側物體的大小、數量和遠近程度，而低估右側物體的大小、數量和遠近程度。澳式足球特別適合用來研究射門側偏好的運動，因為它不同於曲棍球或足球等運動，澳式足球沒有守門員，也不存在針對守門員較弱側得分的戰略優勢。選手通常是透過「奔跑」得分，但也可以藉由任意球（free kick）得分（請參閱下頁圖61，澳洲規則式足球的場地）。澳洲研究團隊研究了澳式足球聯盟（Australian Football League，簡稱AFL）2005～2009年賽季中16支球隊的射門。研究人員知道人們往往會低估右側物體的距離和遠近程度，因此他們預測：向右側踢球（甚至是穿過球門柱〔goalpost〕之間的球），和向右射偏（稱為一分球〔behind〕）的次數會更多。他們確實發現了這兩種效應。球員傾向於把球踢到球門的右半部得分，並且更有可能向右側射偏。[46] 同一個研究小組還讓212名參與者，在實驗室裡嘗試將足球踢進球門。正如他們在澳式足球聯盟中發現的那樣，業餘

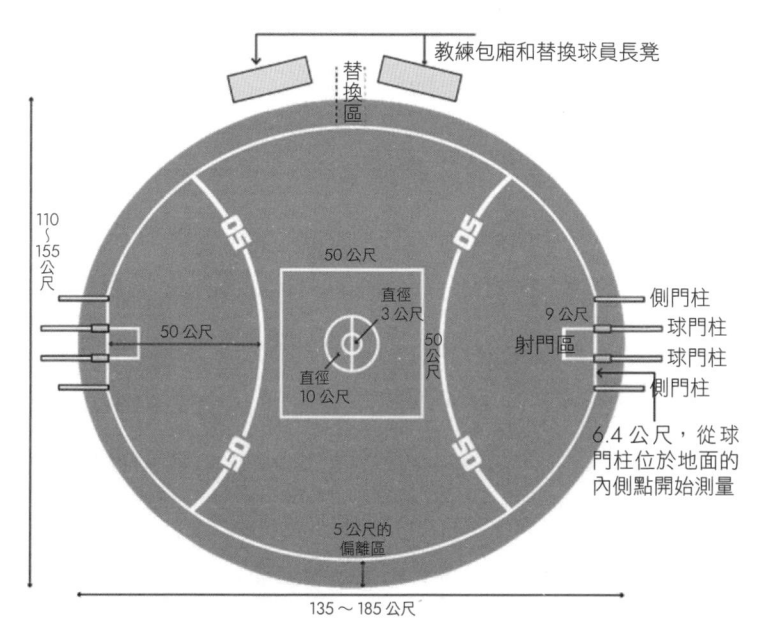

圖 61：典型的澳洲規則式足球場。如果球穿過「球門柱」之間，就算是六分球（稱為 goal）。然而，如果踢出的球在球門柱和旁側的「側門柱」之間穿過，則得到一分（稱為 behind）。

足球運動員踢的球往往偏向球門右半部。

  表現出這種右偏效應的不僅是速球運動，高爾夫球也存在這種現象。有人研究過 30 名高爾夫球新手共 90 次的推桿，結果發現系統性的右偏效應，這情況與足球和澳式足球相似。[47] 即使經驗豐富的弓箭手，似乎也更容易向右射偏,而非向左射歪。[48] 最後特別提出,此章專門討論運動,但我不願意將電玩遊戲納入,因為我是少數仍然拒絕將電玩遊戲視為「體育運動」的人。(儘管我承認電玩遊戲有許多潛在好處,包括提高手眼協調能力、增強注意力、培養多工處理的能力、增進短期記憶、促進心理健康和提升幸福感[49],另有其他我不願列出的好處,因為我怕會破壞自己對電玩遊戲「非體育運動」的立場。)無論如何,從電玩遊戲中同樣容易觀察到與在「真實」體育運動中,明顯存在的向右偏移誤差。例如,多人玩家參與的第一人稱射擊遊戲《絕對武力:全球攻勢》(*Counter-Strike: Global Offensive*)裡,玩家在致命攻擊和導航錯誤中往往表現出右偏的傾向。[50]

本章大致著眼於選手參與體育運動時的側偏好。運動員本身吸引了所有的關注焦點。然而,結束本章前我要討論體育觀看者。在業餘體育賽事中,參賽者可能比觀眾還多,但職業比賽卻可吸引數百萬名觀眾,並獲取高於數百萬美元的收入。讓我們考慮兩種類型的觀看者:一是花錢雇來的觀看者,二是自己出錢看比賽的觀看者。

在網球、排球、籃球或拳擊等運動中,受雇觀察比賽者是裁判和線審。在體操、跳水或花式溜冰等運動中，則是由評審根據選手的動作打分數，並以某種主觀但通常根據規則的方式評分，進而確定勝負。一百公尺短跑選手完賽時，獲勝者是根據非常明顯和客觀的標準奪冠，其跑步風格是沒有加分的。然而，對於某些確實會「針對風格加分」的運動來說，左偏和右偏很重要嗎？

曾有一項巧妙的研究針對體操運動提出了這個問題。研究人員測試了 48 名一般觀眾和 48 名訓練有素的體操評審，他們向這些西方受測者展示鏡像反向從左到右或從右到左體操動作的圖像或影片，然後要求受測者指出哪個動作更為「漂亮」（請參閱下頁圖 62）。除了動作方向，圖像和影片都是完全相同的。未經訓練的觀察者一致表示，從左到右的動作更「漂亮」，但受過訓練的評審並未表現出同樣的從左到右偏好。

令人欣慰的是，訓練有素的評審不會因體操選手的動作方向而產生偏見，但其他許多運動項目也涉及線性運動的展示和動作美感的評判。即使在動作美感對比賽結果沒有影響的運動中，人們仍然高度重視動作的美感。看過每月籃球精彩片段的人來說，影片中的投籃得分並沒有比其

左到右運動方向　　　　　　　　右到左運動方向

圖 62：一般人觀看體操甚至非體操動作時表示，從左到右的動作比從右到左的動作更漂亮，但訓練有素的評審並沒有表現出同樣的側偏好。

他進球更為重要。但我們看到選手展現完美技巧時，仍會忍不住喝采一番。我們身為外行觀察者，對於運動美感的判斷是否受到運動方向的影響？

在足球領域，情況確實如此。一個義大利研究團隊觀看了從左到右軌跡、從右到左軌跡的足球進球影片，並且根據美感（「進球有多漂亮？」）、力量（「球員踢球時有多用力」）和速度（「進球有多快？」）為這些進球評分。從左到右的射門在這三項評分中都得到較高的分數，此時的進球方向與義大利觀察者的母語閱讀方向一致。

同一個研究團隊也完成了另一項類似研究，但他們沒有呈現暗示「美感十足」的運動圖像，而是使用了具有攻擊性的電影場景，並且詢問：「施暴者（擊打或推擠）力道有多大？」、「被擊打（或推擠）的人看起來有多震驚、心靈受創？」以及「你覺得現場有多麼暴力？」對於這三個問題，觀看照片的義大利受測者認為，與從右到左的動作相比，從左到右的動作場景顯得更強烈和更為暴力。當同一項研究納入說寫阿拉伯語（從右到左閱讀）的受測者時，這些不對稱的方向感覺完全顛倒，與他們的母語閱讀方向一致。說阿拉伯語的人認為，從右到左的進球更加「漂亮」，從右到左的擊打和推擠更有力道和更為暴力。[51]

總體而言，這些研究告訴我們，大腦功能的左右差異會影響場上球員的側偏好以及觀眾的感知或反應。幸運的是，多數外行人表現出的感知偏好在訓練有素的評審中似乎較弱，或是甚至不存在，這有助於維護那些需要評判的比賽更為公正。

重點 Takeaways

體育運動為研究左右差異提供了理想的場所。選手的側偏好和表現都會認真記錄下來，而且經過嚴格的審查和訓練，而運動檔案是側效應研究人員的寶庫。左撇子顯然擅長許多運動，尤其是涉及戰鬥（或模擬格鬥）的運動，以及快節奏的速球運動。這種優勢可以根據戰鬥假說解釋——左撇子在對抗身體攻擊時會具有優勢，而這種優勢抵消了慣用左手可能帶來的劣勢。我們也可以用負頻率依賴選擇假說解釋這種優勢——左撇子之所以能更成功，是因為他們的人數較少（出現頻率較低）。最後，左右差異並不限於運動員本身。觀眾甚至裁判（評審）也會受到系統性且可預測的左右感知偏好的影響。

後記

> 沒有側效應,只有效應。那些我們事先想到、喜歡的,我們稱之為主要或預期效應,並且以此為傲。那些我們沒有預料或突然出現,反過來咬我們一口的,就是所謂的「側效應」。
>
> ——約翰‧史特曼(John D. Sterman)

我們總是認為副作用(side effect,與本書討論的側效應為相同的英文詞組)是個壞事。抑制打噴嚏和鼻塞的抗過敏藥物,可能會讓我們昏昏欲睡。除非我們在睡前服用,否則這種副作用沒有什麼好處,甚至可能讓我們根本不願意服用。在一些罕見和特殊情況下,副作用也可能有好處。舉例來說,女性服用口服避孕藥防止意外懷孕,但這些藥物可以避免長粉刺。阿斯匹靈通常當作止痛藥,但它還有助於預防心臟病和中風,甚至可以提高結腸癌或攝護腺癌的存活率。敏諾西代（Minoxidil，譯按：生髮產品主要成分）最初是為了治療高血壓而開發，但現在可以局部塗抹治療雄性禿。

即使起初某些副作用似乎很糟糕，到最後也可能是有好處的。我撰寫這篇後記時正值新冠疫情全球大流行，因此無法不去討論疫苗及其相關的副作用。除了最極端的反應（例如嚴重過敏反應〔anaphylaxis〕等）外，疫苗的正常副作用（如注射部位疼痛腫脹、發燒、噁心、頭痛、疲勞等），其實是對疫苗免疫反應的跡象，表明疫苗確實有效。然而，這不表示接種疫苗要有效就必須出現這些副作用。副作用可能很煩人，但通常本身表明了有一些好處。

這本書顯然不是在討論藥物的利弊，但某些原則同樣適用於我們功能失衡的大腦所產生的側效應。這些影響很容易觀察到，但其意義不僅是用來滿足人們對科學的好奇心，或者只是瑣事一件，無足掛齒。當我們逐漸了解這些側效應，反而應該藉此改善自己用於社群媒體的圖片、約會軟體的個人檔案、挑選座位的想法，甚至廣告活動的圖像設計。

我每一章只討論一種側效應,將其條理封裝在專屬章節內,但這樣的安排內容會有一個缺點——讀者可能覺得本書探討的側偏好完全是相互獨立的,但事實並非如此。慣用手是最明顯的側偏好,它會影響但通常不會導致其他側偏好,例如抱姿側偏好或者慣用眼、慣用耳或慣用腳。然而,某些側偏好偶爾可能導致另一種側偏好。例如,體育運動中的許多側偏好都是由選手的慣用手所造成。此外,其他側偏好也會相互作用。我們的右轉偏好可能會與情人接吻時偏好向右歪頭。我們擺姿勢時傾向露出左臉頰,可能與我們對左側照明的偏好相互作用。換句話說,我深入描述的十幾種側效應大多是獨立陳述的,但它們並非總是單獨呈現。

人類最明顯的失衡行為是用手習慣。我們分析過洞穴壁畫等古代藝術,從中得知在五十多個世紀以來,90％的人類都是右撇子,並且不存在左撇子主導的文化。慣用右手似乎也是人類獨有的特徵。如果大猩猩和猴子也有側偏好的話,牠們似乎偏愛使用左手,而貓和狗等動物不像偏愛右手的人類,會表現出物種層面的「用爪偏好」。此外,我們也會頌揚「右」(在英語中,「右」和「正確」

是同一詞 right），卻用險惡（sinister）或粗俗（gauche）等話語妖魔化「左」。左撇子會在家族中遺傳，並且會談及許多美好的事物（如左撇子智商很高、有藝術和音樂天賦、非常擅長數學）。然而，左撇子也與許多不好的事情有關（好比自體免疫疾病、出生壓力、思覺失調症、閱讀障礙）。當今社會中年輕人的左撇子比例較高，而老年人的左撇子占比較低，因此人們很容易得出以下結論：左撇子沒有右撇子活得長。然而，社會壓力等因素至少是讓這兩批人壽命有所差異的原因。

除了慣用手，我們對腳、耳朵和眼睛也有強烈的側偏好。與慣用手不同，我們其他側偏好對於不經意的旁人來說不太明顯，這也使得這些側偏好不易受到社會壓力的影響。許多文化都有嚴格的規定，哪隻手應該用來準備和抓取食物（右手），哪隻手應該用來清潔自己（左手）。然而，慣用腳、慣用眼和慣用耳可以在更少的社會干擾下發展，因此我們更能以它們當作線索，從中了解某個人獨特的大腦偏側化。儘管文化對我們慣用腳、慣用眼和慣用耳的影響不太普遍，但多數物品仍然是為「右側主導」的世界所製造，包括步槍準心或顯微鏡的瞄準鏡。

有些人很難區分左右，一旦犯錯，後果可大可小，輕微的只是讓人惱怒，嚴重的卻足以致命。例如，開車時轉錯方向可能會出人命，動手術時搞錯左右邊也可能出大事。當我們使用同一組簡單的語詞描述左右時，就會出現這些錯誤。然而，一旦考慮到用於描述左和右的各種語詞時，事情可能會變得更加混亂。在這些字語中，許多都帶有價值判斷，與「右」相關的詞常蘊含正面意涵（正直、正確、準確、真實、乾淨），而「左」則被貶低，牽涉更多的負面聯想（彎曲、錯誤、笨拙、虛假、骯髒）。我們用來區分左右的字詞也被納入政治語言，這些源於18世紀末法國大革命期間，法國國民制憲議會的席位安排。

接吻在流行文化中占有重要地位，但關於接吻的科學研究卻非常罕見。然而，近期的研究開始揭露不同類型的親吻（與情人的接吻、親子之吻、社交場合問候式親吻）如何以不同的方式表達。情侶接吻時傾向於向右歪頭。然而，當父母親吻孩子時，這種側偏好就消失了。同理，如果兩個完全陌生的人接吻，因為雙方都不熟悉彼此，這種陌生感便會消除右傾偏好。在社交問候式親吻中（這在歐洲很常見），多數地區表現出右傾偏好，但世界上的某些地區卻表現出左傾偏好。總體而言，這項研究指出，人們和情人接吻時，通常會將頭轉向右側，但親吻父母或孩子時，會將頭擺正、甚至轉向左側親吻的情況很常見。當你前往歐洲旅行時，應該查查資料，看看第一次與某人見面時應該親吻多少次以及該親吻哪一側的臉頰。

然而，親吻並非唯一有側效應的「社交接觸」。在兩千多年前，柏拉圖率先記錄人們傾向於將嬰兒抱在左側。經驗老道的母親都會表現出這種左傾偏好，但從未抱過嬰兒的 15 歲男孩也會表現出同樣的側偏好，獼猴和大猩猩也是如此！對於這種側偏好的首次科學研究，來自紐約市中央公園動物園裡猴子朝左抱幼崽的觀察。這顯然不是我們透過文化或經驗學到的偏好，那為何人類的抱姿會偏向左邊？這可能要歸因於人體明顯的不對稱。除了罕見的內臟易側案例，人的心臟通常位於胸部左側，因此朝左抱嬰兒時，嬰兒可以聽到母親的心跳聲而受到安撫。還有一種可能，就是朝左抱姿可能讓父母和孩子彼此感到更親密。

即使單身成人的照片也會顯示出側效應。多數人擺姿勢拍照時都會側身，通常會轉向右側而露出左臉頰。無論你是在博物館欣賞畫作（例如《蒙娜麗莎》等著名肖像畫），或者翻閱高中畢業紀念冊，甚至瀏覽 Instagram 或網路約會個人簡介（非鏡像的）自拍照，明顯可見露出左臉頰的偏好。為什麼？左臉頰更迷人嗎？我們可以從沒有左傾偏向的圖片中找到線索，例如著名科學家、高中畢業紀念冊的教師（但不是學生）大頭照，甚至是宗教領袖的頭像。耶穌在圖像中往往會露出左臉，但佛陀似乎不會轉頭露出左臉頰。展示左臉可流露更多的情緒，可能看起來會更加平易近人。臉朝向正面的照片，例如護照照片、駕照或工作證照片，通常都不太討喜。那麼，我們下一次拍照時該擺出何種姿勢，或者我們應該為下一篇貼文挑選哪張自拍照呢？如果想要流露情緒、顯得平易近人和親切友好，就轉頭露出左臉。假使希望看起來沉穩客觀，甚至超然疏離，不妨挑選正面照或者露出右臉頰的照片。若想擺出「正確的」（right，雙關語）拍照姿勢，有時就要露出左臉。

除了擺姿勢的側偏好，著名的藝術作品往往以另一種顯著的方式展現失衡現象。超過四分之三的大師畫作，描繪了來自左側的光源。然而，不必成為大師級畫家就會表現出這種偏好，因為兒童在繪畫時也會表現同樣的左傾偏好。這似乎不是因藝術家以慣用手繪畫所引起的，因為我們從雜誌照片甚至可以見到這種側偏好的情況。從左側打光的產品廣告獲得了更高評價，消費者更願意購買。從藝術表達的其他方面同樣容易觀察到側效應。人們創作藝術時明顯存在側偏好，而我們感知和反應藝術時也一直有側偏好。當我們創作繪畫、擺盤或設計摩天大樓時，應該考慮大眾偏好的擺姿方向、光照方向、質量中心（centre of mass）、運動方向和母語閱讀方向等因素。

從人們的日常動作便能輕易觀察到其他側效應。手勢可能是行為化石，是人類使用口語交流前所遺留下來的。有些文化（例如義大利文化）似乎比其他文化（如日本文化），更常表達這種行為化石。左腦通常主導語言產出，所以人說話時會傾向用右手（由左腦控制，即使左撇子也不例外）做出手勢。然而，當我們傾聽別人談話時，這種側偏好往往會反轉。不僅我們比的手勢更少，而且通常會用由右腦控制的左手去比手勢。

轉頭是另一個顯示側效應的日常動作。把頭向右轉的傾向是人類最早的一種失衡行為。母體懷孕 38 週後，我們便可從胎兒身上清楚看見這點，而這比文化或社會學習對孩子的影響要早得多。這種側偏好會貫穿人的一生。如果我們叫某個成人走過空蕩蕩的走廊，再轉身返回原路，這個人很可能會向右轉。當人們開車、進入商店、運動，甚至跳舞時，我們都能看到這種右側偏好的證據。多數古代舞蹈都有轉圈動作，無不傾向於順時針（向右）旋轉。

當人們進入房間並選擇座位時，我們也可以觀察到轉向偏好，但這個現象比較複雜，不僅是決定轉向哪個方向的問題。什麼會影響人們走進教室或電影院時如何挑選座位？人們選擇大型音樂會或越洋航班的座位時又會如何？我們選擇坐在哪一側，取決於自己期望的體驗類型以及大腦的側偏好。由於右腦主導情感處理，而從左側載入訊息主要由右腦處理，因此我們預期人們更喜歡從左側感知情感內容。看看電影院的座位偏好，就會發現這一點。相反地，左腦通常在語言處理方面占主導地位，所以我們傾向於從空間右側感知語言。看看教室的座位偏好，就會發現這一點。人們喜歡坐在電影院的右側和教室的左側。我們從座位選擇看到的側偏好取決於人們期望看到什麼。

從其他形式的娛樂活動（例如觀看體育比賽）也很容易觀察到側效應。側偏好（例如打棒球時的慣用手），顯然在業餘和職業運動選手中發揮著重要作用，而透露側偏好的最佳紀錄來自運動界。然而，人的側偏好甚至會影響看運動比賽的觀眾，決定足球進球漂不漂亮，或者拳擊比賽中某一拳的力道強不強。從左到右閱讀者，往往更喜歡觀看從左到右的動作。我們會誤判速度和距離，這點也會影響選手在賽場上的表現。人們傾向認為空間左側的物體比右側物體更近、更大。

這本書的誕生（或至少是構想）可以追溯到 2004 年，我從蒙特婁（Montreal）參加完一場研討會、搭機返家途中。我當時剛開始探索光照側偏好，並向研究抱姿和擺姿側偏好的同事展示了些許成果。離開蒙特婁時，我一直在思考這些側偏好可能如何相互作用且彼此影響，隨即在 9,000 公尺的高空為本書勾勒出粗略的輪廓。也許當時機上空氣稀薄，或者我剛結束一場精彩的會議，所以睡眠不足，因此在那次回程中寫下的章節大綱只有部分可行。話雖如此，即使我當時全心撰寫大綱，我也不認為能夠寫出完全可用的內容。從那時起，許多探討側效應的新文章在後續數年裡陸續浮上檯面（只要看看本書資料來源中，出版日期標示為 2004 年之後的文本即可）。從那時起，甚至出現了專注於這些問題的研究團隊，而這個領域令人興奮和具有影響力的嶄新研究，也比以往更快問世。到了最後，這類研究文獻數量充足、品質上乘和內容一致連貫，讓我得以紮紮實實寫出本書。出版這樣的一本書，既讓我興奮，也令我恐懼，因為我知道筆頭的墨水一乾，又會出現另一項需要納入本書的偉大新研究。在我撰寫本書時，不得不忍痛擱置一些章節（像是〈交通運輸的側效應：汽車、飛機、船隻和火車〉〔Side Effects in Transportation: Cars, Planes, Boats, and Trains〕，以及〈從右翼到左翼：政壇的側偏好〉〔Right Wings to the Left: Side Biases in Politics〕），因為這些領域的研究才剛開始起步。如果運氣好的話，本書的續集和（或）更新版，將在18年內問世。

致謝

本書封面只有我本人掛名，但書中內容浩瀚，能夠付梓刊印，並非我一人功勞。我非常幸運，能夠得到家人、朋友、同事和學生的支持。他們耐心給予建議，甚至偶爾會提出反對意見。

我與鄧登（Dundurn）出版社的團隊合作非常愉快，諸位編輯不斷提高本書的品質，同時耐心十足，做事嚴謹，讓本書得以陸續成篇。我衷心感謝羅素‧史密斯（Russell Smith）、埃琳娜‧拉迪克（Elena Radic）、勞拉‧博伊爾（Laura Boyle）、麥可‧卡羅爾（Michael Carroll）、克里斯蒂娜‧賈格爾（Kristina Jagger）、法拉‧里亞茲（Farrah Riaz）、凱瑟琳‧萊恩（Kathryn Lane）、薩拉‧達戈斯蒂諾（Sara D'Agostino）、斯科特‧弗雷澤（Scott Fraser），以及鄧登出版社團隊的其他員工。我能夠接觸鄧登出版社，其中過程漫長艱辛，為此我要感謝鄧肯‧麥金農（Duncan Mackinnon）和黛博拉‧施奈德（Deborah Schneider）初期為我奔走，敦促出版社接下本書的出版計畫。

感謝我的妻子拉娜、女兒米列娃和兒子諾姆（Noam），在我寫書過程中不時關心和支持我。我的雙親約翰（John）和阿爾瑪（Alma）也從旁支持，曾針對我的初期草稿予以評論，並且提出明智的建議，但最重要的或許是他們不斷鼓勵，激勵我持續向前邁進。

我還得感謝許多才華橫溢的藝術家在內頁分享他們的作品。書末會列出圖片來源，希望接下來的話語不會讓這個章節顯得多餘無用。在某些情況下（好比女兒米列娃提供的圖像），我很了解這些藝術家，他們很有耐心，發揮專業技術，依我的需求專門繪製了作品。但我有時會聯繫同事或陌生人（無論遠近），請他們允許我收錄他們的創作，甚至偶爾要求他們為我創造一幅新的獨特圖像。其他人也曾慷慨回應我的需求，在此致上謝意。本書收錄來自澳洲的紋身圖片、從日本拍攝的數千張靜態照片中以電腦生成的平均化圖像、運動場的示意圖，甚至著名的藝術品，而這些皆有全新的（可能來自左側）光照。由於本書著眼於討論想像中的側偏好，因此收錄令人信服且足以說明內容的範例圖像至關重要。

許多透過實驗室計畫和論文支持這項研究的學生名字，已經出現在參考資料來源部分，但這份名單並不詳盡。我並未引用我們完成的每一項側效應研究，說句實話，並非每項計畫最終都能發表論文。科學界從已經發表的計畫中學到許多，但我也從失敗的計畫中獲益不少。我想表達自己的謝意，並且與多年來我有幸合作的學生分享功勞。你們有求知慾、勤奮努力且毅力十足，對此我心懷感謝。我看到你們成為教授、臨床心理學家、律師、醫生、廣告商、語言病理學家、健康照護政策分析師，以及研究主持人等，內心感到十分自豪。我誠摯感謝以下人士：艾比・霍爾茨蘭德（Abby Holtslander）、阿拉斯泰爾・麥克法登（Alastair MacFadden）、安吉拉・布朗（Angela Brown）、奧斯汀・史密斯（Austen Smith）、布倫登・吉布森（Brendon Gibson）、布倫特・羅賓遜（Brent Robinson）、凱西・伯頓（Cathy Burton）、克里斯蒂安・魯克（Christianne Rooke）、辛蒂・拉（Cindy La）、柯林・歐萊特（Colin Ouellette）、科琳・科克倫（Colleen Cochran）、科琳・哈迪（Colleen Hardie）、康利・克里格勒（Conley Kriegler）、丹尼・克虜伯（Danny Krupp）、艾莉・麥克丁（Elli McDine）、德萊恩・恩格布萊特森（Delaine Engebregtson）、丹尼斯・馬（Dennis Mah）、艾瑪・加德納（Emma Gardner）、法札娜・泰塞姆（Farzana Tessem）、漢娜・特蘭（Hannah Tran）、伊莎貝拉・塞萊斯特（Izabela Szelest）、傑夫・馬丁（Jeff Martin）、珍妮佛・伯基特（Jennifer Burkitt）、珍妮佛・希亞特（Jennifer Hiatt）、珍妮佛・哈欽森（Jennifer Hutchinson）、珍妮佛・塞奇威克（Jennifer Sedgewick）、喬斯琳・普克（Jocelyn Poock）、凱倫・吉列塔（Karen Gilleta）、卡里・杜爾克森（Kari Duerksen）、凱特・古道爾（Kate Goodall）、凱瑟琳・麥基賓（Katherine McKibbin）、凱莉・蘇辛斯基（Kelly Suschinsky）、柯克・奈倫（Kirk Nylen）、勞瑞・賽克斯-托特納姆熱刺（Laurie Sykes-Tottenham）、莉安・米勒（Leanne Miller）、麗莎・萊巴克（Lisa Lejbak）、麗莎・潘（Lisa Poon）、洛妮・羅德（Loni Rhode）、瑪麗安・赫拉博克（Marianne Hrabok）、梅根・弗拉思（Meghan Flath）、邁爾斯・鮑曼（Miles Bowman）、米里亞姆・里斯（Miriam Reese）、莫薩爾・尼亞茲（Morsal Niazi）、莫瑞・蓋利（Murray Guylee）、尼爾・蘇拉克（Neil

Sulakhe)、妮可・湯馬斯（Nicole Thomas）、保拉・莫頓（Paula Morton）、普尼亞・米格拉尼（Punya Miglani）、麗貝卡・凱恩斯（Rebecca Cairns）、雷根・派崔克（Regan Patrick）、薩拉・西蒙斯（Sarah Simmons）、謝拉・基柳克（Sierra Kyliuk）、塔瑪拉（科爾頓）・埃爾・哈瓦特（Tamara [Colton] El Hawat）、特里斯塔・弗里德里希（Trista Friedrich）、泰森・貝克（Tyson Baker），以及維多利亞・哈姆斯（Victoria Harms）。

最後，我要感謝學術界的導師和同事。他們率先傳授我有關側效應的知識，為我自行研究這項主題開啟了大門，並且一路支持我的學術研究。我能夠踏上這條道路，先得感謝湯姆・威沙特（Tom Wishart）和瑪格麗特・克羅斯利（Margaret Crossley），隨後是布萊登（M.P. Bryden）、麥克麥納斯（I.C. McManus）和巴布・布爾曼-弗萊明（Barb Bulman-Fleming）。我一回到薩斯喀屯（Saskatoon），就與薩克其萬大學（University of Saskatchewan）的同事繼續進行這項工作，他們是德布・索西爾（Deb Saucier）、史考特・貝爾（Scott Bell）、卡爾・古特溫（Carl Gutwin）和瑪拉・米克爾伯勒（Marla

Mickelborough）。在此時期，我看了不少研究而受到啟發，這些優秀的同行包括：麥可‧柯博利、尼科爾斯（M.E.R. Nicholls）、吉娜‧格里姆肖（Gina Grimshaw）、馬克‧麥考特（Mark McCourt）、麥可‧彼得斯（Michael Peters）、勞倫‧哈里斯（Lauren J. Harris）、塞巴斯蒂安‧奧克倫堡（Sebastian Ocklenburg）、朱利安‧帕克海塞爾（Julian Packheiser），以及大久保街亜。

本書封面只印上我的名字，但我要與眾多優秀人士共同分享此書的榮耀。然而，礙於篇幅有限，此處只能羅列寥寥數人，甚為抱憾。

資料來源

▪ 序言

1. Stanley Coren and Clare Porac, "Fifty Centuries of Right-Handedness: The Historical Record," *Science* 198, no. 4317 (1977): 631–32.

2. Lealani Mae Y. Acosta, John B. Williamson, and Kenneth M. Heilman, "Which Cheek Did Jesus Turn?" *Religion, Brain & Behavior* 3, no. 3 (2013): 210–18.

3. Avery N. Gilbert and Charles J. Wysocki, "Hand Preference and Age in the United States," *Neuropsychologia* 30, no. 7 (July 1992): 601–08, https://doi.org/10.1016/0028-3932(92)90065-T.

4. Juhn Wada, Robert Clarke, and Anne Hamm, "Cerebral Hemispheric Asymmetry in Humans: Cortical Speech Zones in 100 Adult and 100 Infant Brains," *Archives of Neurology* 32, no. 4 (April 1975): 239–46, https://doi.org/10.1001/archneur.1975.00490460055007.

5. Robin Weatherill et al., "Is Maternal Depression Related to Side of Infant Holding?" *International Journal of Behavioral Development* 28, no. 5 (2004): 421–27.

6. Lorin J. Elias and Deborah M. Saucier, *Neuropsychology: Clinical and Experimental Foundations* (Boston: Pearson/Allyn & Bacon,

2006).

7. Elias and Saucier, *Neuropsychology*.

8. Tino Stockel and David P. Carey, "Laterality Effects on Performance in Team Sports: Insights from Soccer and Basketball," in *Laterality in Sports: Theories and Applications*, eds. Florian Loffing et al. (London: Elsevier/Academic Press, 2016), 309–28.

9. Thomas R. Barrick et al., "Automatic Analysis of Cerebral Asymmetry: An Exploratory Study of the Relationship Between Brain Torque and Planum Temporale Asymmetry," *NeuroImage* 24, no. 3 (February 1, 2005): 678–91.

10. Norman Geschwind and Walter Levitsky, "Human Brain: Left-Right Asymmetries in Temporal Speech Region," *Science* 161, no. 3837 (July 12, 1968): 186–87.

11. Elias and Saucier, *Neuropsychology*.

12. Marc H.E. de Lussanet, "Opposite Asymmetries of Face and Trunk and of Kissing and Hugging, as Predicted by the Axial Twist Hypothesis," *PeerJ* 7, no. e7096 (June 7, 2019).

13. Elias and Saucier, *Neuropsychology*.

14. Geoffrey J.M. Parker et al., "Lateralization of Ventral and Dorsal Auditory-Language Pathways in the Human Brain," *NeuroImage* 24, no. 3 (February 1, 2005): 656–66.

第1章

1. Raymond A. Dart, "The Predatory Implemental Technique of Australopithecus," *American Journal of Physical Anthropology* 7, no. 1 (March 1949): 1–38.
2. Nicholas Toth, "Archaeological Evidence for Preferential Right-Handedness in the Lower and Middle Pleistocene, and Its Possible Implications," *Journal of Human Evolution* 14, no. 6 (September 1985): 607–14.
3. Davidson Black, Pierre Teilhard de Chardin, C.C. Young, and W.C. Pei, *Fossil Man in China: The Choukoutien Cave Deposits with a Synopsis of Our Present Knowledge of the Late Cenozoic in China* (New York: AMS Press, 1933).
4. H.W. Magoun, "Discussion of Brain Mechanisms in Speech," in *Brain Function: Speech, Language, and Communication*, ed. Edward C. Carterette (Los Angeles: University of California Press, 1966).
5. Daniel G. Brinton, "Left-Handedness in North American Aboriginal Art," *American Anthropologist* 9, no. 5 (May 1896): 175–81.
6. Wayne Dennis, "Early Graphic Evidence of Dextrality in Man," *Perceptual and Motor Skills* 8, no. 2 (September 1958): 147–49, https://doi.org/10.2466/pms.1958.8.h.147.
7. Coren and Porac, "Fifty Centuries of Right-Handedness."
8. Coren and Porac, "Fifty Centuries of Right-Handedness."

9. I.C. McManus, "The History and Geography of Human Handedness," in *Language Lateralization and Psychosis*, eds. Iris E.C. Sommer and Rene S. Kahn (Cambridge: Cambridge University Press, 2009), 37–58.
10. Gilbert and Wysocki, "Hand Preference and Age in the United States."
11. McManus, "The History and Geography of Human Handedness."
12. Chris McManus, "Half a Century of Handedness Research: Myths, Truths; Fictions, Facts; Backwards, but Mostly Forwards," *Brain and Neuroscience Advances* 3, nos. 1–10 (2019), doi.org/10.1177/2398212818820513.
13. Kenneth Hugdahl, Paul Satz, Maura Mitrushina, and Eric N. Miller, "Left-Handedness and Old Age: Do Left-Handers Die Earlier?" *Neuropsychologia* 31, no. 4 (April 1993): 325–33.
14. Joseph L. Reichler, ed., *The Baseball Encyclopedia* (New York: Macmillan, 1979).
15. Stanley Coren and Diane Halpern, "Left-Handedness: A Marker for Decreased Survival Fitness," *Psychological Bulletin* 109, no. 1 (1991): 90–106.
16. Diane Halpern and Stanley Coren, "Left-Handedness and Life Span: A Reply to Harris," *Psychological Bulletin* 114, no. 2 (1993): 235–41.
17. John P. Aggleton, J. Martin Bland, Robert W. Kentridge, and Nicholas J. Neave, "Handedness and Longevity: Archival Study of

Cricketers," BMJ 309, no. 6970 (1994): 1681–84.

18. Hicks et al., "Do Right-Handers Live Longer? An Updated Assessment of Baseball Player Data," *Perceptual and Motor Skills* 78, nos. 1243–47, https://doi.org/10.2466/pms.1994.78.3c.1243.

19. Per-Gunnar Persson and Peter Allebeck, "Do Left-Handers Have Increased Mortality?" *Epidemiology* 5, no. 3 (May 1994): 337–40.

20. Tyler P. Lawler and Frank H. Lawler, "Left-Handedness in Professional Basketball: Prevalence, Performance, and Survival," *Perceptual and Motor Skills* 113, no. 3 (December 2012): 815–24.

21. James R. Cerhan, Aaron R. Folsom, John D. Potter, and Ronald J. Prineas, "Handedness and Mortality Risk in Older Women," *American Journal of Epidemiology* 140, no. 4 (1994: 368–74.

22. Hugdahl, Satz, Mitrushina, and Miller, "Left-Handedness and Old Age."

23. Lauren J. Harris, "Left-Handedness and Life Span: Reply to Halpern and Coren," *Psychological Bulletin* 114, no. 2 (1993): 242–47.

24. Yukihide Ida, Tanusree Dutta, and Manas K. Mandal, "Side Bias and Accidents in Japan and India," *International Journal of Neuroscience* 111, nos. 1–2 (January 2001): 89–98.

25. Maharaj Singh and M.P. Bryden, "The Factor Structure of Handedness in India," *International Journal of Neuroscience* 74, nos. 1–4 (January-February 1994): 33–43, https://doi.org/10.3109/00207459408987227.

26. Clare Porac, Laura Rees, and Terri Buller, "Switching Hands: A Place for Left Hand Use in a Right Hand World," in *Left-Handedness: Behavioral Implications and Anomalies*, ed. Stanley Coren (Amsterdam: North-Holland, 1990), 259–90.

27. McManus, "The History and Geography of Human Handedness."

28. Ian Christopher McManus and M.P. Bryden, "The Genetics of Handedness, Cerebral Dominance, and Lateralization," in *Handbook of Neuropsychology*, vol. 6, eds., Francois Boller and Jordan Grafman (Amsterdam: Elsevier, 1992), 115–44.

29. Louise Carter-Saltzman, "Biological and Sociocultural Effects on Handedness: Comparison Between Biological and Adoptive Families," *Science* 209, no. 4462 (1980): 1263–65.

30. Robert E. Hicks and Marcel Kinsbourne, "On the Genesis of Human Handedness," *Journal of Motor Behavior* 8, no. 4 (1976): 257–66, https://doi.org/10.1080/00222895.1976.10735080.

31. Curtis Hardyck and Lewis F. Petrinovich, "Left-Handedness," *Psychological Bulletin* 84, no. 3 (1977): 385–404.

32. McManus and Bryden, "The Genetics of Handedness, Cerebral Dominance, and Lateralization."

33. John Jackson, *Ambidexterity or Two-Handedness and Two Brainedness* (London: Kegan Paul, Trench, Trubner, 1905).

34. Abram Blau, *The Master Hand: A Study of the Origin and Meaning of Left and Right Sidedness and Its Relation to Personality and Language* (New York: American Orthopsychiatric Association,

1946).

35. Carter-Saltzman, "Biological and Sociocultural Effects on Handedness."
36. Hicks and Kinsbourne, "On the Genesis of Human Handedness."
37. Coren and Porac, "Fifty Centuries of Right-Handedness."
38. Lena Sophie Pfeifer et al., "Handedness in Twins: Meta-Analyses" (March 2021): 1–49, https://doi.org/10.31234/osf.io/gy2nx.
39. Michael Reiss et al., "Laterality of Hand, Foot, Eye, and Ear in Twins," *Laterality* 4, no. 3 (July 1999): 287–97.
40. Peter J. Hepper, "The Developmental Origins of Laterality: Fetal Handedness," *Developmental Psychobiology* 55, no. 6 (September 2013): 588–95.
41. Angelo Bisazza, L.J. Rogers, and Giorgio Vallortigara, "The Origins of Cerebral Asymmetry: A Review of Evidence of Behavioural and Brain Lateralization in Fishes, Reptiles and Amphibians," *Neuroscience and Biobehavioral Reviews* 22, no. 3 (1998): 411–26.
42. Lauren Julius Harris, "Left-Handedness: Early Theories, Facts, and Fancies," in *Neuropsychology of Left-Handedness*, ed. Jeannine Herron (Toronto: Academic Press, 1980), 3–78.
43. Lauren Julius Harris, "In Fencing, Are Left-Handers Trouble for Right-Handers? What Fencing Masters Said in the Past and What Scientists Say Today," in *Laterality in Sports: Theories and Applications*, eds. Florian Loffing et al. (London: Elsevier/Academic Press, 2016), 50.

44. Coren and Porac, "Fifty Centuries of Right-Handedness."
45. David W. Frayer et al., "OH-65: The Earliest Evidence for Right-Handedness in the Fossil Record," *Journal of Human Evolution* 100 (November 2016): 65–72.
46. McManus, "The History and Geography of Human Handedness."
47. Johan Torgersen, "Situs Inversus, Asymmetry, and Twinning," *American Journal of Human Genetics* 2, no. 4 (December 1950): 361–70.
48. E.A. Cockayne. "The Genetics of Transposition of the Viscera," *QJM: An International Journal of Medicine* 7, no. 3 (1938): 479–93, https://doi.org/10.1093/oxfordjournals.qjmed.a068598.
49. Torgersen, "Situs Inversus, Asymmetry, and Twinning."
50. Lauren Julius Harris, "Side Biases for Holding and Carrying Infants: Reports from the Past and Possible Lessons for Today," *Laterality* 15, nos. 1–2 (2010): 56–135.
51. Sebastian Ocklenburg et al., "Hugs and Kisses: The Role of Motor Preferences and Emotional Lateralization for Hemispheric Asymmetries in Human Social Touch," *Neuroscience & Biobehavioral Reviews* 95 (December 2018) 95: 353–60.
52. Stanley Coren, *The Left-Hander Syndrome: The Causes & Consequences of Left-Handedness* (New York: The Free Press, 1992).
53. Norman Geschwind and Albert M. Galaburda, "Cerebral Lateralization: Biological Mechanisms, Associations, and

Pathology: III. A Hypothesis and a Program for Research," *Archives of Neurology* 42, no. 7 (1985): 634–54.

54. Sunil Vasu Kalmady et al., "Revisiting Geschwind's Hypothesis on Brain Lateralisation: A Functional MRI Study of Digit Ratio (2D:4D) and Sex Interaction Effects on Spatial Working Memory," *Laterality* 18, no. 5 (2013): 625–40.

55. Elias and Saucier, *Neuropsychology*.

56. Gina M. Grimshaw, Philip M. Bryden, and Jo-Anne K. Finegan, "Relations Between Prenatal Testosterone and Cerebral Lateralization in Children," *Neuropsychology* 9, no. 1 (1995): 68–79.

57. Paul Bakan, Gary Dibb, and Phil Reed, "Handedness and Birth Stress," *Neuropsychologia* 11, no. 3 (July 1973): 363–66.

58. Paul Satz, Donna L. Orsini, Eric Saslow, and Rolando Henry, "The Pathological Left-Handedness Syndrome," *Brain and Cognition* 4, no. 1 (January 1985): 27–46.

59. Elias and Saucier, *Neuropsychology*.

60. Murray Schwartz, "Handedness, Prenatal Stress and Pregnancy Complications," *Neuropsychologia* 26, no. 6 (1988): 925–29.

61. Gail Ross, Evelyn Lipper, and Peter A.M. Auld, "Hand Preference, Prematurity and Developmental Outcome at School Age," *Neuropsychologia* 30, no. 5 (May 1992): 483–94.

62. Alise A. van Heerwaarde et al., "Non-Right-Handedness in Children Born Extremely Preterm: Relation to Early Neuroimaging and

Long-Term Neurodevelopment," *PLoS ONE* 15, no. 7 (July 6, 2020): 1–17, http://dx.doi.org/10.1371/journal.pone.0235311.

63. Jacqueline Fagard et al., "Is Handedness at Five Associated with Prenatal Factors?" *International Journal of Environmental Research and Public Health* 18, no. 7 (April 2021): 1–24.

64. Elias and Saucier, *Neuropsychology*.

65. Christopher S. Ruebeck, Joseph E. Harrington, and Robert Moffitt, "Handedness and Earnings," *Laterality* 12, no. 2 (2007): 101–20.

66. H.H. Newman, "Studies of Human Twins: II. Asymmetry Reversal, of Mirror Imaging in Identical Twins," *The Biological Bulletin* 55, no. 4 (1928): 298–315.

67. Salvator Levi, "Ultrasonic Assessment of the High Rate of Human Multiple Pregnancy in the First Trimester," *Journal of Clinical Ultrasound* 4, no. 1 (February 1976): 3–5.

68. Helain J. Landy and L.G. Keith, "The Vanishing Twin: A Review," *Human Reproduction Update* 4, no. 2 (1998): 177–83.

69. Landy and Keith, "The Vanishing Twin."

70. Gregory V. Jones and Maryanne Martin, "Seasonal Anisotropy in Handedness," *Cortex* 44, no. 1 (January 2008): 8–12.

71. Ramon M. Cosenza and Sueli A. Mingoti, "Season of Birth and Handedness Revisited," *Perceptual and Motor Skills* 81, no. 2 (October 1995): 475–80.

72. Georges Dellatolas, Florence Curt, and Joseph Lellouch, "Birth Order and Month of Birth Are Not Related with Handedness in a

Sample of 9,370 Young Men," *Cortex* 27, no. 1 (March 1991): 137–40, http://dx.doi.org/10.1016/S0010-9452(13)80277-8.

73. Nathlie A. Badian, "Birth Order, Maternal Age, Season of Birth, and Handedness," *Cortex* 19, no. 4 (December 1983): 451–63, http://dx.doi.org/10.1016/S0010-9452(83)80027-6.

74. Ulrich S. Tran, Stefan Stieger, and Martin Voracek, "Latent Variable Analysis Indicates That Seasonal Anisotropy Accounts for the Higher Prevalence of Left-Handedness in Men," *Cortex* 57 (August 2014): 188–97.

75. Carolien de Kovel, Amaia Carrion-Castillo, and Clyde Francks, "A Large-Scale Population Study of Early Life Factors Influencing Left-Handedness," *Scientific Reports* 9, no. 584 (January 2019): 1–11.

76. Fagard et al., "Is Handedness at Five Associated with Prenatal Actors?"

77. Coren and Halpern, "Left-Handedness."

- 第 2 章

1. Lorin J. Elias and M.P. Bryden, "Footedness Is a Better Predictor of Language Lateralisation Than Handedness," *Laterality* 3, no. 1 (1998): 41–52.
2. Stockel and Carey, "Laterality Effects on Performance in Team

Sports."

3. Nikitas Polemikos and Christine Papaeliou, "Sidedness Preference as an Index of Organization of Laterality," *Perceptual and Motor Skills* 91, no. 3, part 2 (December 2000): 1083–90.

4. Stanley Coren, "The Lateral Preference Inventory for Measurement of Handedness, Footedness, Eyedness, and Earedness: Norms for Young Adults," *Bulletin of the Psychonomic Society* 31, no. 1 (1993): 1–3.

5. Elias and Bryden, "Footedness Is a Better Predictor of Language Lateralisation Than Handedness."

6. Till Utesch, Stjin Valentijn Mentzel, Bernd Strauss, and Dirk Busch, "Measurement of Laterality and Its Relevance for Sports," in *Laterality in Sports: Theories and Applications*, eds. Florian Loffing et al. (London: Elsevier/Academic Press, 2016), 65–86.

7. Sacco et al., "Joint Assessment of Handedness and Footedness Through Latent Class Factor Analysis," *Laterality* 23, no. 6 (November 2018): 643–63.

8. Elias and Bryden, "Footedness Is a Better Predictor of Language Lateralisation Than Handedness."

9. Lainy B. Day and Peter F. MacNeilage, "Postural Asymmetries and Language Lateralization in Humans (*Homo sapiens*)," *Journal of Comparative Psychology* 110, no. 1 (1996): 88–96.

10. A. Mark Smith, "Giambattista Della Porta's Theory of Vision in the *De refractione* of 1593: Sources, Problems, Implications,"

in *The Optics of Giambattista Della Porta (ca. 1535–1615): A Reassessment*, eds. Arianna Borelli, Giora Hon, and Yaakov Zik (New York: Springer, 2017), 97–123, http://link.springer.com/10.1007/978-3-319-50215-1_5.

11. D.C. Bourassa, Ian Christopher McManus, and M.P. Bryden, "Handedness and Eye-Dominance: A Meta-Analysis of Their Relationship," *Laterality* 1, no. 1 (March 1996): 5–34.

12. Michael Reiss, "Ocular Dominance: Some Family Data," *Laterality* 2, no. 1 (1997): 7–16.

13. Polemikos and Papaeliou, "Sidedness Preference as an Index of Organization of Laterality."

14. Coren, "The Lateral Preference Inventory for Measurement of Handedness, Footedness, Eyedness, and Earedness."

15. Elias and Saucier, *Neuropsychology*.

16. Giovanni Berlucchi and Salvatore Aglioti, "Interhemispheric Disconnection Syndromes," in *Handbook of Clinical and Experimental Neuropsychology*, eds. Gianfranco Denes and Luigi Pizzamiglio (Hove, United Kingdom: Psychology Press, 1999), 635–70.

17. S.L. Youngentob et al., "Olfactory Sensitivity: Is There Laterality?" *Chemical Senses* 7, no. 1 (January 1982): 11–21, https://doi.org/10.1093/chemse/7.1.11.

18. Youngentob et al., "Olfactory Sensitivity."

19. Richard E. Frye, Richard L. Doty, and Paul Shaman, "Bilateral and

Unilateral Olfactory Sensitivity: Relationship to Handedness and Gender," in *Chemical Signals in Vertebrates 6*, eds. Richard L. Doty and Dietland Muller-Schwarze (New York: Springer, 1992), 559–64.

20. Moustafa Bensafi et al., "Perceptual, Affective, and Cognitive Judgments of Odors: Pleasantness and Handedness Effects," *Brain and Cognition* 51, no. 3 (2003): 270–75.

21. Robert J. Zatorre and Marilyn Jones-Gotman, "Right-Nostril Advantage for Discrimination of Odors," *Perception & Psychophysics* 47, no. 6 (1990): 526–31.

22. Thomas Hummel, Par Mohammadian, and G. Kobal, "Handedness Is a Determining Factor in Lateralized Olfactory Discrimination," *Chemical Senses* 23, no. 5 (October 1998): 541–44.

23. Richard Kayser, "Luftdurchgangigkeit der Nase," *Archives of Laryngology and Rhinology* 3 (1895): 101–20.

24. Alfonso Luca Pendolino, Valerie J. Lund, Ennio Nardello, and Giancarlo Ottaviano, "The Nasal Cycle: A Comprehensive Review," *Rhinology Online* 1, no. 1 (June 2018): 67–76, http://doi.org/10.4193/RHINOL/18.021.

25. Alan Searleman, David E. Hormung, Emily Stein, and Leah Brzuskiewicz, "Nostril Dominance: Differences in Nasal Airflow and Preferred Handedness," *Laterality* 10, no. 2 (April 2005): 111–20.

26. Raymond M. Klein, David Pilon, Susan Marie Prosser, and David Shannahoff-Khalsa, "Nasal Airflow Asymmetries and Human

Performance," *Biological Psychology* 23, no. 2 (1986): 127–37.

27. Susan A. Jella and David Shannahoff-Khalsa, "The Effects of Unilateral Forced Nostril Breathing on Cognitive Performance," *International Journal of Neuroscience* 73, nos. 1–2 (1993): 61–68.

28. Deborah M. Saucier, Farzana Karim Tessem, Aaron H. Sheerin, and Lorin Elias, "Unilateral Forced Nostril Breathing Affects Dichotic Listening for Emotional Tones," *Brain and Cognition* 55, no. 2 (July 2004): 403–05.

29. Robert Hertz, "The Pre-Eminence of the Right Hand: A Study in Religious Polarity," reprint translated by Rodney and Claudia Needham, *HAU: Journal of Ethnographic Theory* 3, no. 2 (2013): 335–57.

▪第 3 章

1. Alan Cienki, "The Strengths and Weaknesses of the Left/Right Polarity in Russian: Diachronic and Synchronic Semantic Analyses," in *Issues in Cognitive Linguistics: 1993 Proceedings of the International Cognitive Linguistics Conference*, eds. Leon de Stadler and Christoph Eyrich (Berlin: De Gruyter Mouton, 1999), 299–330, https://doi.org/10.1515/9783110811933.299.

2. Alan Cienki, "STRAIGHT: An Image Schema and Its Metaphorical xtensions," *Cognitive Linguistics* 9, no. 2 (January 1998): 107–49.

3. H. Julia Hannay, P.J. Ciaccia, Joan W. Kerr, and Darlene Barrett, "Self-Report of Right-Left Confusion in College Men and Women," *Perceptual and Motor Skills* 70, no. 2 (April 1990): 451–57.

4. Sebastian Ocklenburg, "Why Do I Confuse Left and Right?" *Psychology Today*, March 9, 2019, psychologytoday.com/ca/blog/the-asymmetric-brain/201903/why-do-i-confuse-left-and-right.

5. Sonja H. Ofte and Kenneth Hugdahl, "Right-Left Discrimination in Male and Female, Young and Old Subjects," *Journal of Clinical and Experimental Neuropsychology* 24, no. 1 (February 2002): 82–92.

6. Ineke J.M. van der Ham, H. Chris Dijkerman, and Haike E. van Stralen, "Distinguishing Left from Right: A Large-Scale Investigation of Left-Right Confusion in Healthy Individuals," *Quarterly Journal of Experimental Psychology* 74, no. 3 (2021): 497–509, https://doi.org/10.1177/1747021820968519.

7. Ad Foolen, "The Value of Left and Right," in *Emotion in Discourse*, eds., J. Lachlan Mackenzie and Laura Alba-Juez (Amsterdam: John Benjamins Publishing, 2019), 139–58.

8. Cienki, "The Strengths and Weaknesses of the Left/Right Polarity in Russian," 299–330.

9. Cienki, "The Strengths and Weaknesses of the Left/Right Polarity in Russian," 299–330.

10. Cienki, "The Strengths and Weaknesses of the Left/Right Polarity in Russian," 299–330.

11. Juanma de la Fuente, Daniel Casasanto, Antonio Roman, and Julio

Santiago, "Searching for Cultural Influences on the Body-Specific Association of Preferred Hand and Emotional Valence," *Proceedings of the 33rd Annual Conference of the Cognitive Science Society* 33 (July 2011): 2616–20, https://cloudfront.escholarship.org/dist/prd/content/qt6qc0z1zp/qt6qc0z1zp.pdf.

12. Juanma de la Fuente, Daniel Casasanto, Antonio Roman, and Julio Santiago, "Can Culture Influence Body-Specific Associations Between Space and Valence?" *Cognitive Science* 39, no. 4 (May 2015: 821–32, http://doi.wiley.com/10.1111/cogs.12177.

13. Foolen, "The Value of Left and Right."

14. Wulf Schiefenhovel, "Biased Semantics for Right and Left in 50 Indo-European and Non-Indo-European Languages," *Annals of the New York Academy of Sciences* 1288, no. 1 (June 2013): 135–52.

15. Foolen, "The Value of Left and Right."

16. Foolen, "The Value of Left and Right."

17. Schiefenhovel, "Biased Semantics for Right and Left in 50 Indo-European and Non-Indo-European Languages."

18. Lorin J. Elias, "Secular Sinistrality: A Review of Popular Handedness Books and World Wide Web Sites," *Laterality* 3, no. 3 (1998): 193–208.

19. Simon Langford, *The Left-Handed Book: How to Get By in a Right-Handed World* (London: Panther, 1984).

20. Leigh W. Rutledge and Richard Donley, *The Left-Hander's Guide to Life: A Witty and Informative Tour* (New York: Plume/Penguin,

1992).

21. Daniel Casasanto,"Embodiment of Abstract Concepts: Good and Bad in Right- and Left-Handers," *Journal of Experimental Psychology: General* 138, no. 3 (August 2009): 351–67.

22. Daniel Casasanto and Kyle Jasmin, "Good and Bad in the Hands of Politicians: Spontaneous Gestures During Positive and Negative Speech," *PLoS ONE* 5, no. 7 (July 28, 2010).

23. John T. Jost, "Elective Affinities: On the Psychological Bases of Left-Right Differences," *Psychological Inquiry* 20, nos. 2–3 (April 2009): 129–41.

▪ 第4章

1. J. Ridley Stroop, "Studies in Interference in Serial Verbal Reactions," *Journal of Experimental Psychology* 18, no. 6 (1935): 643–62.

2. Antina de Boer, E.M. van Buel, and Gert J. ter Horst, "Love Is More Than Just a Kiss: A Neurobiological Perspective on Love and Affection," *Neuroscience* 201 (January 10, 2012): 114–24, http://dx.doi.org/10.1016/j.neuroscience.2011.11.017.

3. Helen Fisher, Arthur Aron, and Lucy L. Brown, "Romantic Love: An fMRI Study of a Neural Mechanism for Mate Choice," *The Journal of Comparative Neurology* 493, no. 1 (December 2005):

58–62.
4. Sheril Kirshenbaum, *The Science of Kissing: What Our Lips Are Telling Us* (New York: Grand Central Publishing, 2011).
5. Onur Gunturkun, "Adult Persistence of Head-Turning Asymmetry" *Nature*, 421, (2003): 711.
6. Gunturkun, "Adult Persistence of Head-Turning Asymmetry."
7. Dianne Barrett, Julian G. Greenwood, and John F. McCullagh, "Kissing Laterality and Handedness," *Laterality* 11, no. 6 (November 2006): 573–79.
8. John van der Kamp and Rouwen Canal-Bruland, "Kissing Right? On the Consistency of the Head-Turning Bias in Kissing," *Laterality* 16, no. 3 (May 2011): 257–67.
9. Julian Packheiser et al., "Embracing Your Emotions: Affective State Impacts Lateralisation of Human Embraces," *Psychological Research* 83, no. 1 (February 2019): 26–36.
10. Samuel Shaki, "What's in a Kiss? Spatial Experience Shapes Directional Bias During Kissing," *Journal of Nonverbal Behavior* 37, no. 1 (2013): 43–50.
11. Sedgewick, Holtslander, and Lorin J. Elias, "Kissing Right? Absence of Rightward Directional Turning Bias During First Kiss Encounters Among Strangers," *Journal of Nonverbal Behavior* (2019).
12. Jennifer Sedgewick and Lorin J. Elias, "Family Matters: Directionality of Turning Bias While Kissing Is Modulated by

Context," *Laterality* 21, nos. 4–6 (July-November 2016): 662–71, http://dx.doi.org/10.1080/1357650X.2015.1136320.

13. Barrett, Greenwood, and McCullagh, "Kissing Laterality and Handedness."

14. Jacqueline Liederman and Marcel Kinsbourne, "Rightward Motor Bias in Newborns Depends Upon Parental Right-Handedness," *Neuropsychologia* 18, nos. 4–5 (1980): 579–84.

15. Andreas Bartels and Semir Zeki, "Neural Basis of Love," *NeuroReport* 11, no. 17 (2000): 3829–34.

16. Andreas Bartels and Semir Zeki, "The Neural Correlates of Maternal and Romantic Love," *NeuroImage* 21, no. 3 (March 2004): 1155–66.

17. Sedgewick and Elias, "Family Matters."

18. Sedgewick, Holtslander, and Elias, "Kissing Right?"

19. Ryan S. Elder and Aradhna Krishna, "The 'Visual Depiction Effect' in Advertising: Facilitating Embodied Mental Simulation Through Product Orientation,"*Journal of Consumer Research* 38, no. 6 (April 2012): 988–1003.

20. Sedgewick, Holtslander, and Elias, "Kissing Right?"

21. Shaki, "What's in a Kiss?"

22. Amandine Chapelain et al., "Can Population-Level Laterality Stem from Social Pressures? Evidence from Cheek Kissing in Humans," *PLoS ONE* 10, no. 8 (2015): e0124477, http://dx.doi.org/10.1371/journal.pone.0124477.

23. Chapelain et al., "Can Population-Level Laterality Stem from Social Pressures? Evidence from Cheek Kissing in Humans."
24. Chapelain et al., "Can Population-Level Laterality Stem from Social Pressures? Evidence from Cheek Kissing in Humans."

▪第 5 章

1. Blau, *The Master Hand*.
2. Plato, *The Laws of Plato*, trans. Thomas L. Pangle (Chicago: University of Chicago Press, 1988).
3. Harris, "Side Biases for Holding and Carrying Infants," 64.
4. Harris, "Side Biases for Holding and Carrying Infants," 64.
5. Harris, "Side Biases for Holding and Carrying Infants," 73.
6. Harris, "Side Biases for Holding and Carrying Infants," 74.
7. Jean-Jacques Rousseau, *Confessions*, ed. Patrick Coleman, trans. Angela Scholar (Oxford: Oxford University Press, 2008).
8. Lee Salk, "The Role of the Heartbeat in the Relations Between Mother and Infant," *Scientific American* 228, no. 5 (May 1973): 24–29.
9. Salk, "The Role of the Heartbeat in the Relations Between Mother and Infant," 24.
10. Harris, "Side Biases for Holding and Carrying Infants," 57.

11. Stanley Finger, "Child-Holding Patterns in Western Art," *Child Development* 46, no. 1 (1975): 267–71.

12. G. Alvarez, "Child-Holding Patterns and Hemispheric Bias," *Ethology and Sociobiology* 11, no. 2 (1990): 75–82.

13. Lauren Julius Harris, Rodrigo A. Cardenas, Nathaniel D. Stewart, and Jason B. Almerigi, "Are Only Infants Held More Often on the Left? If So, Why? Testing the Attention-Emotion Hypothesis with an Infant, a Vase, and Two Chimeric Tests, One 'Emotional,' One Not," *Laterality* 24, no. 1 (January 2019): 65–97.

14. Masayuki Nakamichi, "The Left-Side Holding Preference Is Not Universal: Evidence from Field Observations in Madagascar," *Ethology and Sociobiology* 17, no. 3 (May 1996): 173–79.

15. C.U.M. Smith, "Cardiocentric Neurophysiology: The Persistence of a Delusion," *Journal of the History of the Neurosciences* 22, no. 1 (2013): 6–13.

16. John Patten, *Neurological Differential Diagnosis*, 2nd ed. (New York: Springer, 1996).

17. D.N. Kennedy et al., "Structural and Functional Brain Asymmetries in Human Situs Inversus Totalis," *Neurology* 53, no. 6 (October 1999): 1260–65.

18. Salk, "The Role of the Heartbeat in the Relations Between Mother and Infant," 29.

19. Brenda Todd and George Butterworth, "Her Heart Is in the Right Place: An Investigation of the 'Heartbeat Hypothesis' as an

Explanation of the Left Side Cradling Preference in a Mother with Dextrocardia," *Early Development and Parenting* 7, no. 4 (2002): 229–33.

20. Salk, "The Role of the Heartbeat in the Relations Between Mother and Infant."

21. I. Hyman Weiland, "Heartbeat Rhythm and Maternal Behavior," *Journal of the American Academy of Child Psychiatry* 3, no. 1 (January 1964): 161–64.

22. Harris, Cardenas, Stewart, and Almerigi, "Are Only Infants Held More Often on the Left?"

23. Harris, Cardenas, Stewart, and Almerigi, "Are Only Infants Held More Often on the Left?"

24. I. Hyman Weiland and Zanwil Sperber, "Patterns of Mother-Infant Contact: The Significance of Lateral Preference," *The Journal of Genetic Psychology* 117, no. 2 (December 1970): 157–65, https://doi.org/10.1080/00221325.1970.10532575.

25. Ernest L. Abel, "Human Left-Sided Cradling Preferences for Dogs," *Psychological Reports* 107, no. 1 (August 2010): 336–38.

26. Dale Dagenbach, Lauren Julius Harris, and Hiram E. Fitzgerald, "A Longitudinal Study of Lateral Biases in Parents' Cradling and Holding of Infants," *Infant Mental Health Journal* 9, no. 3 (Fall 1988): 218–34, https://vdocuments.net/reader/full/a-longitudinal-study-of-lateral-biases-in-parents-cradling-and-holding-of.

27. Joan S. Lockard, Paul C. Daley, and Virginia M. Gunderson,

"Maternal and Paternal Differences in Infant Carry: U.S. and African Data," *The American Naturalist* 113, no. 2 (February 1979): 235–46.

28. Peter de Chateau, "Left-Side Preference in Holding and Carrying Newborn Infants: A Three-Year Follow-Up Study," *Acta Psychiatrica Scandinavica* 75, no. 3 (March 1987): 283–86, https://doi.org/10.1111/j.1600-0447.1987.tb02790.x.

29. Peter de Chateau, M. Maki, and B. Nyberg, "Left-Side Preference in Holding and Carrying Newborn Infants III: Mothers' Perception of Pregnancy One Month Prior to Delivery and Subsequent Holding Behaviour During the First Postnatal Week," *Journal of Psychosomatic Obstetrics & Gynecology* 1, no. 2 (1982): 72–76.

30. de Châteu, Maki, and Nyberg, "Left-Side Preference in Holding and Carrying Newborn Infants III."

31. Weatherill et al., "Is Maternal Depression Related to Side of Infant Holding?"

32. Paul Richter, Andres Hseerlein, Hermes Kick, and Peter Biczo, "Psychometric Properties of the Beck Depression Inventory," in *Present, Past and Future of Psychiatry*, vol. 1, eds. A. Beigel, J.J. Lopez Ibor, Jr., and J.A. Costa e Silva (Singapore: World Scientific Publishing, 1994), 247–49.

33. Weatherill et al., "Is Maternal Depression Related to Side of Infant Holding?"

34. Peter de Chateau, Hertha Holmberg, and Jan Winberg, "Left-

Side Preference in Holding and Carrying Newborn Infants I: Mothers Holding and Carrying During the First Week Life," *Acta Paediatrica: Nurturing the Child* 67, no. 2 (March 1978): 169–75.

35. Mi Li, Hongpei Xu, and Shengfu Lu, "Neural Basis of Depression Related to a Dominant Right Hemisphere: A Resting-State fMRI Study," *Behavioural Neurology* (2018): 1–10, https://downloads.hindawi.com/journals/bn/2018/5024520.pdf.

36. Lea-Ann Pileggi et al., "Cradling Bias Is Absent in Children with Autism Spectrum Disorders," *Journal of Child and Adolescent Mental Health* 25, no. 1 (2013): 55–60.

37. Gianluca Malatesta et al., "The Role of Ethnic Prejudice in the Modulation of Cradling Lateralization," *Journal of Nonverbal Behavior* 45 (2021): 187–205.

38. J.T. Manning and J. Denman, "Lateral Cradling Preferences in Humans (*Homo sapiens*): Similarities Within Families," *Journal of Comparative Psychology* 108, no. 3 (September 1994): 262–65.

39. Michelle Tomaszycki et al., "Maternal Cradling and Infant Nipple Preferences in Rhesus Monkeys (*Macaca mulatta*)," *Developmental Psychobiology* 32, no. 4 (May 1998): 305–12.

40. Takeshi Hatta and Motoko Koike, "Left-Hand Preference in Frightened Mother Monkeys in Taking Up Their Babies," *Neuropsychologia* 29, no. 2 (1991): 207–09.

41. Ichirou Tanaka, "Change of Nipple Preference Between Successive Offspring in Japanese Macaques," *American Journal of Primatology*

18, no. 4 (1989): 321–25, https://doi.org/10.1002/ajp.1350180406.

42. Karina Karenina, Andrey Giljov, and Yegor Malashichev, "Lateralization of Mother-Infant Interactions in Wild Horses," *Behavioural Processes* 148 (March 2018): 49–55, https://doi.org/10.1016/j.beproc.2018.01.010.

43. Andrey Giljov, Karina Karenina, and Yegor Malashichev, "Facing Each Other: Mammal Mothers and Infants Prefer the Position Favouring Right Hemisphere Processing," *Biology Letters* 14, no. 1 (January 2018): 20170707.

44. Karenina, Giljov, and Malashichev, "Lateralization of Mother-Infant Interactions in Wild Horses."

45. Karina Karenina, Andrey Giljov, Shermin de Silva, and Yegor Malashichev, "Social Lateralization in Wild Asian Elephants: Visual Preferences of Mothers and Offspring," *Behavioral Ecology and Sociobiology* 72, no. 21 (2018).

46. Stephen E. Palmer, Karen B. Schloss, and Jonathan Sammartino, "Visual Aesthetics and Human Preference," *Annual Review of Psychology* 64, no. 1 (January 2013): 77–107.

▪ 第6章

1. Erna Bombeck, *When You Look Like Your Passport Photo, It's Time to Go Home* (New York: Random House Value Publishing, 1993).

2. I.C. McManus and N.K. Humphrey, "Turning the Left Cheek," *Nature* 243 (June 1973): 271–72.

3. Charles Darwin, *The Expression of the Emotions in Man and Animals* (London: John Murray, 1872).

4. Charles Darwin, *On the Origin of Species by Means of Natural Selection, or Preservation of Favoured Races in the Struggle for Life* (London: John Murray, 1859).

5. Paul Ekman and Wallace V. Friesen, *Pictures of Facial Affect* (Berkeley, CA: Consulting Psychologists Press, 1976).

6. Paul Ekman, "An Argument for Basic Emotions," *Cognition and Emotion* 6, nos. 3–4 (1992): 169–200.

7. Joan C. Borod, Elissa Koff, and Betsy White, "Facial Asymmetry in Posed and Spontaneous Expressions of Emotion," *Brain and Cognition* 2, no. 2 (April 1983): 165–75.

8. Borod et al., "Emotional and Non-Emotional Facial Behaviour in Patients with Unilateral Brain Damage," *Journal of Neurology, Neurosurgery, and Psychiatry* 51, no. 6, (1988): 826–32, https://doi.org/10.1136/jnnp.51.6.826.

9. Ruth Campbell, "Asymmetries in Interpreting and Expressing a Posed Facial Expression," *Cortex: A Journal Devoted to the Study of the Nervous System and Behavior* 14, no. 3 (1978): 327–42.

10. Harold A. Sackeim, Ruben C. Gur, and Marcel Saucy, "Emotions Are Expressed More Intensely on the Left Side of the Face," *Science* 202, no. 4366 (October 27, 1978): 434–36.

11. Martin Skinner and Brian Mullen, "Facial Asymmetry in Emotional Expression: A Meta-Analysis of Research," *British Journal of Social Psychology* 30, no. 2 (1991): 113–24.

12. Patten, *Neurological Differential Diagnosis*.

13. McManus and Humphrey, "Turning the Left Cheek."

14. Carolyn J. Mebert and George F. Michel, "Handedness in Artists," in *Neuropsychology of Left-Handedness*, ed. Jeannine Herron (Toronto: Academic Press, 1980), 273–79.

15. Mary A. Peterson and Gillian Rhodes, eds., *Perception of Faces, Objects, and Scenes: Analytic and Holistic Processes* (New York: Oxford University Press, 2003).

16. James W. Tanaka and Martha J. Farah, "Parts and Wholes in Face Recognition," *The Quarterly Journal of Experimental Psychology* 46, no. 2 (June 1993): 225–45.

17. Annukka K. Lindell, "The Silent Social/Emotional Signals in Left and Right Cheek Poses: A Literature Review," *Laterality* 18, no. 5 (2013): 612–24.

18. Miyuki Yamamoto et al., "Accelerated Recognition of Left Oblique Views of Faces," *Experimental Brain Research* 161, no. 1 (February 2005): 27–33.

19. Nicola Bruno, Marco Bertamini, and Federica Protti, "Selfie and the City: A World-Wide, Large, and Ecologically Valid Database Reveals a Two-Pronged Side Bias in Naive Self-Portraits," *PLoS ONE* 10 no. 4 (April 27, 2015): e0124999, https://doi.org/10.1371/

journal.pone.0124999.

20. Annukka K. Lindell, "Capturing Their Best Side? Did the Advent of the Camera Influence the Orientation Artists Chose to Paint and Draw in Their Self-Portraits?" *Laterality* 18, no. 3 (2013): 319–28.

21. Annukka K. Lindell, Tenenbaum, and Aznar, "Left Cheek Bias for Emotion Perception, but Not Expression, Is Established in Children Aged 3–7 Years," *Laterality* 22, no. 1 (2017): 17–30, http://dx.doi.org/10.1080/1357650X.2015.1108328.

22. Bruno, Bertamini, and Protti, "Selfie and the City."

23. Michael E.R. Nicholls, Danielle Clode, Stephen J. Wood, and Amanda J. Wood, "Laterality of Expression in Portraiture: Putting Your Best Cheek Forward," *Proceedings of the Royal Society B: Biological Sciences* 266, no. 1428 (September 1999): 1517–22, https://doi.org/10.1098/rspb.1999.0809.

24. Carel ten Cate, "Posing as Professor: Laterality in Posing Orientation for Portraits of Scientists," *Journal of Nonverbal Behavior* 26, no. 3 (2002): 175–92.

25. Nicholls, Clode, Wood, and Wood, "Laterality of Expression in Portraiture."

26. McManus, "Half a Century of Handedness Research."

27. McManus, "Half a Century of Handedness Research."

28. Matia Okubo and Takato Oyama, "Do You Know Your Best Side? Awareness of Lateral Posing Asymmetries," *Laterality* (2021): 1–15, https://doi.org/10.1080/1357650X.2021.1938105.

29. Owen Churches et al., "Facing Up to Stereotypes: Surgeons and Physicians Are No Different in Their Emotional Expressiveness," *Laterality* 19, no. 5 (2014): 585–90.

30. Churches et al., "Facing Up to Stereotypes."

31. Churches et al., "Facing Up to Stereotypes."

32. Acosta, Williamson, and Heilman, "Which Cheek Did Jesus Turn?"

33. Lealani Mae Y. Acosta, John B. Williamson, and Kenneth B. Heilman, "Which Cheek Did the Resurrected Jesus Turn?" *Journal of Religion and Health* 54, no. 3 (June 2015): 1091–98, http://dx.doi.org/10.1007/s10943-014-9945-9.

34. Acosta, Williamson, and Heilman, "Which Cheek Did the Resurrected Jesus Turn?"

35. Kari N. Duerksen, Trista E. Friedrich, and Lorin J. Elias, "Did Buddha Turn the Other Cheek Too? A Comparison of Posing Biases Between Jesus and Buddha," *Laterality* 21, nos. 4–6 (July-November 2016): 633–42, http://dx.doi.org/10.1080/1357650X.2015.1087554.

36. Duerksen, Friedrich, and Elias, "Did Buddha Turn the Other Cheek Too?"

37. Nicole A. Thomas, Jennifer A. Burkitt, and Deborah M. Saucier, "Photographer Preference or Image Purpose? An Investigation of Posing Bias in Mammalian and Non-Mammalian Species," *Laterality* 11, no. 4 (July 2006): 350–54.

第7章

1. Mark Twain, *Mark Twain at Your Fingertips: A Book of Quotations*, ed. Caroline Thomas Harnsberger (Mineola, NY: Dover, 2009).

2. Ian Christopher McManus, Joseph Buckman, and Euan Woolley, "Is Light in Pictures Presumed to Come from the Left Side?" *Perception* 33, no. 12 (2004): 1421–36.

3. Kevin S. Berbaum, Todd Bever, and Chan Sup Chung, "Light Source Position in the Perception of Object Shape," *Perception* 12, no. 4 (1983): 411–16.

4. Jennifer Sun and Pietro Perona, "Where Is the Sun?" *Nature: Neuroscience* 1, no. 3 (1998): 183–84.

5. Sun and Perona, "Where Is the Sun?"

6. McManus, Buckman, and Woolley, "Is Light in Pictures Presumed to Come from the Left Side?"

7. David A. McDine, Ian J. Livingston, Nicole A. Thomas, Lorin J. Elias, "Lateral Biases in Lighting of Abstract Artwork," *Laterality* 16, no. 3 (May 2011): 268–79.

8. Kobayashi et al., "Natural Preference in Luminosity for Frame Composition," *NeuroReport* 18, no. 11 (2007): 1137–40.

9. Sun and Perona, "Where Is the Sun?"

10. Pascal Mamassian and Ross Goutcher, "Prior Knowledge on the Illumination Position," *Cognition* 81, no. 1 (September 2001): B1–9.

11. McManus, Buckman, and Woolley, "Is Light in Pictures Presumed to Come from the Left Side?"
12. Austen K. Smith, Izabela Szelest, Trista E. Friedrich, and Lorin J. Elias, "Native Reading Direction Influences Lateral Biases in the Perception of Shape from Shading," *Laterality* 20, no. 4 (2015): 418–33.
13. Mark E. McCourt, Barbara Blakeslee, and Ganesh Padmanabhan, "Lighting Direction and Visual Field Modulate Perceived Intensity of Illumination," *Frontiers in Psychology* 4 no. 983 (December 2013): 1–6.
14. Jennifer R. Sedgewick, Bradley Weiers, Aaron Stewart, and Lorin J. Elias, "The Thinker: Opposing Directionality of Lighting Bias Within Sculptural Artwork," *Frontiers in Human Neuroscience* 9, no. 251 (May 2015): 1–8.
15. Austen K. Smith, Jennifer R. Sedgewick, Bradley Weiers, and Lorin J. Elias, "Is There an Artistry to Lighting? The Complexity of Illuminating Three-Dimensional Artworks," *Psychology of Aesthetics, Creativity, and the Arts* 15, no. 1 (2021): 20–27.
16. Smith, Szelest, Friedrich, and Elias, "Native Reading Direction Influences Lateral Biases in the Perception of Shape from Shading."
17. Bridget Andrews, Daniela Aisenberg, Giovanni d'Avossa, and Ayelet Sapir, "Cross-Cultural Effects on the Assumed Light Source Direction: Evidence from English and Hebrew Readers," *Journal of Vision* 13, no. 13 (November 2013): 1–7.

18. Nicole A. Thomas, Jennifer A. Burkitt, Regan A. Patrick, and Lorin J. Elias, "The Lighter Side of Advertising: Investigating Posing and Lighting Biases," *Laterality* 13, no. 6 (November 2008): 504–13.

第 8 章

1. Harold J. McWhinnie, "Is Psychology Relevant to Aesthetics?" *Proceedings of the Annual Convention of the American Psychological Association* 6, part 1 (1971): 419–20.

2. George Dickie, "Is Psychology Relevant to Aesthetics?" *The Philosophical Review* 71, no. 3 (July 1962): 285–302.

3. Annukka K. Lindell and Julia Mueller, "Can Science Account for Taste? Psychological Insights into Art Appreciation," *Journal of Cognitive Psychology* 23, no. 4 (2011): 453–75.

4. Rolf Reber, "Art in Its Experience: Can Empirical Psychology Help Assess Artistic Value?" *Leonardo* 41, no. 4 (August 2008): 367–72.

5. Lindell and Mueller, "Can Science Account for Taste?"

6. Hermann Weyl, *Symmetry* (Princeton, NJ: Princeton University Press, 1952).

7. Ian Christopher McManus, "Symmetry and Asymmetry in Aesthetics and the Arts," *European Review* 13, supplement 2 (2005): 157–80.

8. John P. Anton, "Plotinus' Refutation of Beauty as Symmetry," *The*

Journal of Aesthetics and Art Criticism 23, no. 2 (Winter 1964): 233–37.

9. McManus, "Symmetry and Asymmetry in Aesthetics and the Arts."
10. Mercedes Gaffron, "Some New Dimensions in the Phenomenal Analysis of Visual Experience," *Journal of Personality* 24, no. 3 (1956): 285–307.
11. Heinrich Wolfflin, "Uber das rechts und links im Bilde," in *Gedanken zur Kunstgeschichte: Gedrucktes und Ungedrucktes*, 3rd ed., ed. Heinrich Wolfflin (Basel, Switzerland: Schwabe & Co., 1941), 82–90.
12. Charles G. Gross and Marc H. Bornstein, "Left and Right in Science and Art," *Leonardo* 11, no. 1 (Winter 1978): 29–38.
13. Gross and Bornstein, "Left and Right in Science and Art."
14. Samy Rima et al., "Asymmetry of Pictorial Space: A Cultural Phenomenon," *Journal of Vision* 19, no. 4 (April 2019): 1–6.
15. Wolfflin, "Uber das rechts und links im Bilde."
16. Gross, "Left and Right in Science and Art."
17. Lindell and Mueller, "Can Science Account for Taste?"
18. Rudolf Arnheim, *Art and Visual Perception: A Psychology of the Creative Eye* (Berkeley, CA: University of California Press, 1974).
19. Gaffron, "Some New Dimensions in the Phenomenal Analysis of Visual Experience."
20. Wolfflin, "Uber das rechts und links im Bilde."

21. Gross, "Left and Right in Science and Art."

22. Carmen Perez Gonzalez, "Lateral Organisation in Nineteenth-Century Studio Photographs Is Influenced by the Direction of Writing: A Comparison of Iranian and Spanish Photographs," *Laterality* 17, no. 5 (September 2012): 515–32.

23. Sobh Chahboun et al., "Reading and Writing Direction Effects on the Aesthetic Perception of Photographs," *Laterality* 22, no. 3 (May 2017): 313–39.

24. Trista E. Friedrich, Victoria L. Harms, and Lorin J. Elias, "Dynamic Stimuli: Accentuating Aesthetic Preference Biases," *Laterality* 19, no. 5 (2014): 549–59.

25. Trista E. Friedrich and Lorin J. Elias, "The Write Bias: The Influence of Native Writing Direction on Aesthetic Preference Biases," *Psychology of Aesthetics, Creativity, and the Arts* 10, no. 2 (2016): 128–33.

26. Friedrich, Harms, and Elias, "Dynamic Stimuli."

27. Friedrich and Elias, "The Write Bias."

28. Marilyn Freimuth and Seymour Wapner, "The Influence of Lateral Organization on the Evaluation of Paintings," *British Journal of Psychology* 70, no. 2 (1979): 211–18.

29. Thomas M. Nelson and Gregory A. MacDonald, "Lateral Organization, Perceived Depth, and Title Preference in Pictures," *Perceptual and Motor Skills* 33, no. 3, part 1 (1971): 983–86.

30. Barry T. Jensen, "Reading Habits and Left-Right Orientation in

Profile Drawings by Japanese Children," *The American Journal of Psychology* 65, no. 2 (April 1952): 306–07.

31. Barry T. Jensen, "Left-Right Orientation in Profile Drawing," *The American Journal of Psychology* 65, no. 1 (January 1952): 80–83.

32. Sylvie Chokron, Seta Kazandjian, and Maria De Agostini, "Effects of Reading Direction on Visuospatial Organization: A Critical Review," in *Quod Erat Demonstrandum: From Herodotus' Ethnographic Journeys to Cross-Cultural Research: Proceedings from the 18th International Congress of the International Association for Cross-Cultural Psychology*, eds. Aikaterini Gari and Kostas Mylonas (Athens, Greece: Pedio Books Publishing, 2009), 107–14.

33. Sumeyra Tosun and Jyotsna Vaid, "What Affects Facing Direction in Human Facial Profile Drawing? A Meta-Analytic Inquiry," *Perception* 43, no. 12 (December 2014): 1377–92.

34. Alexander G. Page, Ian Christopher McManus, Carmen Perez Gonzalez, and Sobh Chahboun, "Is Beauty in the Hand of the Writer? Influences of Aesthetic Preferences Through Script Directions, Cultural, and Neurological Factors: A Literature Review," *Frontiers in Psychology* 8 (August 2017): 1–10.

35. Anjan Chatterjee, Lynn M. Maher, and Kenneth M. Heilman, "Spatial Characteristics of Thematic Role Representation," *Neuropsychologia* 33, no. 5 (1995): 643–48.

36. Anjan Chatterjee, M. Helen Southwood, and David Basilico, "Verbs, Events and Spatial Representations," *Neuropsychologia* 37, no. 4

(1999): 395–402.

37. Anne Maass, Caterina Suitner, Xenia Favaretto, and Marina Cignacchi, "Groups in Space: Stereotypes and the Spatial Agency Bias," *Journal of Experimental Social Psychology* 45, no. 3 (May 2009): 496–504, http://dx.doi.org/10.1016/j.jesp.2009.01.004.

38. Caterina Suitner and Anne Maass, "Spatial Agency Bias: Representing People in Space," *Advances in Experimental Social Psychology* 53 (January 2016): 245–301.

39. Maass, Suitner, Favaretto, and Cignacchi, "Groups in Space."

40. Maass, Suitner, Favaretto, and Cignacchi, "Groups in Space."

41. Caterina Suitner, Anne Maass, and Lucia Ronconi, "From Spatial to Social Asymmetry: Spontaneous and Conditioned Associations of Gender and Space," *Psychology of Women Quarterly* 41, no. 1 (March 2017): 46–64.

42. Anne Maass, Caterina Suitner, and Faris Nadhmi, "What Drives the Spatial Agency Bias? An Italian-Malagasy-Arabic Comparison Study," *Journal of Experimental Psychology: General* 143, no. 3 (2014): 991–96.

43. Mara Mazzurega, Maria Paola Paladino, Claudia Bonfiglioli, and Susanna Timeo, "Not the Right Profile: Women Facing Rightward Elicit Responses in Defence of Gender Stereotypes," *Psicologia sociale* 14, no. 1 (2019): 57–72.

44. Dilip Kondepudi and Daniel J. Durand, "Chiral Asymmetry in Spiral Galaxies?" *Chirality* 13, no. 7 (July 2001): 351–56, https://

doi.org/10.1002/chir.1044.

45. Robert Couzin, "The Handedness of Historiated Spiral Columns," *Laterality* 22, no. 5 (November 2017): 1–31.

46. Heinz Luschey, *Rechts und Links: Untersuchungen über Bewegungsrichtung, Seitenordnung und Höhenordnung als Elemente der antiken Bildsprache* (Tubingen, Germany: Wasmuth, 2002).

47. Couzin, "The Handedness of Historiated Spiral Columns."

▪第 9 章

1. Jana M. Iverson, Heather L. Tencer, Jill Lany, and Susan Goldin-Meadow, "The Relation Between Gesture and Speech in Congenitally Blind and Sighted Language-Learners," *Journal of Nonverbal Behavior* 24, no. 2 (2000): 105–30.

2. Sotaro Kita, "Cross-Cultural Variation of Speech-Accompanying Gesture: A Review," *Language and Cognitive Processes* 24, no. 2 (2009): 145–67.

3. Elias and Saucier, *Neuropsychology*.

4. Gordon W. Hewes et al., "Primate Communication and the Gestural Origin of Language [and Comments and Reply]," *Current Anthropology* 14, nos. 1–2 (February-April 1973): 5–24.

5. Michael C. Corballis, *The Lopsided Ape: Evolution of the*

Generative Mind (New York: Oxford University Press, 1991).

6. Merlin Donald, "Preconditions for the Evolution of Protolanguages," in *The Descent of Mind: Psychological Perspectives on Hominid Evolution*, eds. Michael C. Corballis and Stephen E.G. Lea (New York: Oxford University Press, 1999), 138–54.

7. Doreen Kimura, "Manual Activity During Speaking: I. Right-Handers," *Neuropsychologia* 11, no. 1 (1973): 45–50.

8. Doreen Kimura, "Manual Activity During Speaking: II. Left-Handers," *Neuropsychologia* 11, no. 1 (1973): 51–55.

9. John Thomas Dalby, David Gibson, Vittorio Grossi, and Richard D. Schneider, "Lateralized Hand Gesture During Speech," *Journal of Motor Behavior* 12, no. 4 (1980): 292–97.

10. Deborah M. Saucier and Lorin J. Elias, "Lateral and Sex Differences in Manual Gesture During Conversation," *Laterality* 6, no. 3 (July 2001): 239–45.

11. Lorin J. Harris, "Hand Preference in Gestures and Signs in the Deaf and Hearing: Some Notes on Early Evidence and Theory," *Brain and Cognition* 10, no. 2 (July 1989): 189–219.

12. Sotaro Kita and Hedda Lausberg, "Generation of Co-Speech Gestures Based on Spatial Imagery from the Right-Hemisphere: Evidence from Split-Brain Patients," *Cortex* 44, no. 2 (2008): 131–39.

13. Kita and Lausberg, "Generation of Co-Speech Gestures Based on Spatial Imagery from the Right-Hemisphere."

14. Elias and Saucier, *Neuropsychology*.

15. Paraskevi Argyriou, Christine Mohr, and Sotaro Kita, "Hand Matters: Left-Hand Gestures Enhance Metaphor Explanation," *Journal of Experimental Psychology: Learning Memory and Cognition* 43, no. 6 (2017): 874–86.

16. Argyriou et al., "Hand Matters: Left-Hand Gestures Enhance Metaphor Explanation."

17. Gordon W. Hewes, "Primate Communication and the Gestural Origin of Language," *Current Anthropology* 33, no. 1, supplement (February 1992): 65–84.

18. Gordon W. Hewes, "An Explicit Formulation of the Relationship Between Tool-Using, Tool-Making, and the Emergence of Language," *Visible Language* 7, no. 2 (Spring 1973): 101–27.

19. Michael C. Corballis, "Did Language Evolve Before Speech?" in *The Evolution of Human Language: Biolinguistic Perspectives*, eds. Richard K. Lawson, Viviane Deprez, and Hiroko Yamakido (Cambridge: Cambridge University Press, 2010), 115–23.

20. Giacomo Rizzolatti and Michael A. Arbib, "Language Within Our Grasp," *Trends in Neurosciences* 21, no. 5 (May 1998): 188–94.

21. Giacomo Rizzolatti, Leonardo Fogassi, and Vittorio Gallese, "Neurophysiological Mechanisms Underlying the Understanding and Imitation of Action," *Nature Reviews Neuroscience* 2, no. 9 (September 2001): 661–70.

22. Corballis, "Did Language Evolve Before Speech?"

第 10 章

1. Gaspard Gustave Coriolis, "Sur les equations du mouvement relatif des systemes de corps," in *Journal de l'École Royale Polytechnique, Cahier XXIV, Tome XV* (Paris: Bachelier, 1835), 144–54.
2. Theo Gerkema and Louis Gostiaux, "A Brief History of the Coriolis Force," *Europhysics News* 43, no. 2 (March 2012): 14–17.
3. P.Y. Hennion and R. Mollard, "An Assessment of the Deflecting Effect on Human Movement Due to the Coriolis Inertial Forces in a Space Vehicle," *Journal of Biomechanics* 26, no. 1 (January 1993): 85–90.
4. Ingrid A.P. Ververs, Johanna I.P. de Vries, Hermann P. van Geijn, and Brian Hopkins, "Prenatal Head Position from 12–38 Weeks. I. Developmental Aspects," *Early Human Development* 39, no. 2 (October 1994): 83–91.
5. *Zoolander*, directed by Ben Stiller (Paramount, 2001), DVD.
6. Tino Stockel and Christian Vater, "Hand Preference Patterns in Expert Basketball Players: Interrelations Between Basketball-Specific and Everyday Life Behavior," *Human Movement Science* 38 (December 2014): 143–51.
7. Eve Golomer et al., "The Influence of Classical Dance Training on Preferred Supporting Leg and Whole Body Turning Bias," *Laterality* 14, no. 2 (September 2009): 165–77.
8. Dora Stratou, *The Greek Dances: Our Living Link with Antiquity*

(Athens: A. Klissiounis, 1966).

9. Catherine Auge and Yvonne Paire, *L'engagement corporel dans les danses traditionnelles de France métropolitaine* (Paris: Ministere de la Culture, 2006).

10. S.F. Ali, K.J. Kordsmeier, and B. Gough, "Drug-Induced Circling Preference in Rats," *Molecular Neurobiology* 11, nos. 1–3 (August-December 1995): 145–54, https://doi.org/10.1007/BF02740691.

11. A.A. Schaeffer, "Spiral Movement in Man," *Journal of Morphology* 45, no. 1 (1928): 293–398, http://doi.wiley.com/10.1002/jmor.1050450110.

12. Edward S. Robinson, "The Psychology of Public Education," *American Journal of Public Health* 23, no. 2 (February 1933): 123–28.

13. Robinson, "The Psychology of Public Education," 125.

14. Peter G. Hepper, Glenda R. McCartney, and E. Alyson Shannon, "Lateralised Behaviour in First Trimester Human Foetuses," *Neuropsychologia* 36, no. 6 (June 1998): 531–34.

15. Hepper, McCartney, and Shannon, "Lateralised Behaviour in First Trimester Human Foetuses."

16. B. Hopkins, W. Lems, Beatrice Janssen, and George Butterworth, "Postural and Motor Asymmetries in Newlyborns," *Human Neurobiology* 6, no. 3 (1987): 153–56.

17. Sonya Dunsirn et al., "Defining the Nature and Implications of Head Turn Preference in the Preterm Infant," *Early Human*

Development 96 (May 2016): 53–60, http://dx.doi.org/10.1016/j.earlhumdev.2016.02.002.

18. Yukio Konishi, Haruki Mikawa, and Junko Suzuki, "Asymmetrical Head-Turning of Preterm Infants: Some Effects on Later Postural and Functional Lateralities," *Developmental Medicine & Child Neurology* 28, no. 4 (1986): 450–57, http://doi.wiley.com/10.1111/j.1469-8749.1986.tb14282.x.

19. Arnold Gesell, "The Tonic Neck Reflex in the Human Infant: Morphogenetic and Clinical Significance," *The Journal of Pediatrics* 13, no. 4 (1938): 455–64.

20. John Reiser, Albert Yonas, and Karin Wikner, "Radial Localization of Odors by Human Newborns," *Child Development* 47 (1976): 856–59.

21. Jane Coryell, and George F. Michel, "How Supine Postural Preferences of Infants Can Contribute Toward the Development of Handedness," *Infant Behavior & Development* 1 (1978): 245–57.

22. H. Stefan Bracha, David J. Seitz, John Otemaa, and Stanley D. Glick, "Rotational Movement (Circling) in Normal Humans: Sex Difference and Relationship to Hand, Foot, and Eye Preference," *Brain Research* 411, no. 2 (1987): 231–35.

23. Bracha, Seitz, Otemaa, and Glick, "Rotational Movement (Circling) in Normal Humans."

24. Schaeffer, "Spiral Movement in Man."

25. Larissa A. Mead and Elizabeth Hampson, "Turning Bias in Humans

Is Influenced by Phase of the Menstrual Cycle," *Hormones and Behavior* 31, no. 1 (1997): 65–74.

26. Schaeffer, "Spiral Movement in Man."

27. Richard Morris, "Developments of a Water-Maze Procedure for Studying Spatial Learning in the Rat," *Journal of Neuroscience Methods* 11, no. 1 (1984): 47–60.

28. Peng Yuan, Ana M. Daugherty, and Naftali Raz, "Turning Bias in Virtual Spatial Navigation: Age-Related Differences and Neuroanatomical Correlates," *Biological Psychology* 96 (February 2014): 8–19, http://dx.doi.org/10.1016/j.biopsycho.2013.10.009.

29. Pablo Covarrubias, Ofelia Citlalli Lopez-Jimenez, and Angel Andres Jimenez Ortiz, "Turning Behavior in Humans: The Role of Speed of Locomotion," *Conductal* 2, no. 2 (2014): 39–50.

30. Matthieu Lenoir, Sophie van Overschelde, Myriam De Rycke, and Emilienne Musch, "Intrinsic and Extrinsic Factors of Turning Preferences in Humans," *Neuroscience Letters* 393, nos. 2–3 (2006): 179–83.

31. M. Yanki Yazgan, James F. Leckman, and Bruce E. Wexler, "A Direct Observational Measure of Whole Body Turning Bias," *Cortex* 32, no. 1 (1996): 173–76, http://dx.doi.org/10.1016/S0010-9452(96)80025-6.

32. John L. Bradshaw and Judy A. Bradshaw, "Rotational and Turning Tendencies in Humans: An Analog of Lateral Biases in Rats?" *The International Journal of Neuroscience* 39, nos. 3–4 (1988): 229–32.

33. Stratou, "The Greek Dances."
34. M.J.D. Taylor, S.C. Strike, and P. Dabnichki, "Turning Bias and Lateral Dominance in a Sample of Able-Bodied and Amputee Participants,"*Laterality* 12, no. 1 (2006): 50–63.
35. Sarah B. Wallwork et al., "Left/Right Neck Rotation Judgments Are Affected by Age, Gender, Handedness and Image Rotation," *Manual Therapy* 18, no. 3 (2013): 225–30, http://dx.doi.org/10.1016/j.math.2012.10.006.
36. Emel Gune and Erhan Nalcaci, "Directional Preferences in Turning Behavior of Girls and Boys," *Perceptual and Motor Skills* 102, no. 2 (2007): 352–57.
37. H.D. Day and Kaaren C. Day, "Directional Preferences in the Rotational Play Behaviors of Young Children," *Developmental Psychobiology* 30, no. 3 (1997): 213–23.
38. Day and Day, "Directional Preferences in the Rotational Play Behaviors of Young Children."
39. Christine Mohr, H. Stefan Bracha, T. Landis, and Peter Brugger, "Opposite Turning Behavior in Right-Handers and Non-Right-Handers Suggests a Link Between Handedness and Cerebral Dopamine Asymmetries," *Behavioral Neuroscience* 117, no. 6 (2003): 1448–52.
40. Christine Mohr et al., "Human Side Preferences in Three Different Whole-Body Movement Tasks," *Behavioural Brain Research* 151, nos. 1–2 (2004): 321–26.

41. Jan Stochl and Tim Croudace, "Predictors of Human Rotation," *Laterality* 18, no. 3 (2013): 265–81.
42. Oliver H. Turnbull and Peter McGeorge, "Lateral Bumping: A Normal-Subject Analog to the Behaviour of Patients with Hemispatial Neglect?" *Brain and Cognition* 37, no. 1 (1998): 31–33.
43. Dawn Bowers and Kenneth M. Heilman, "Pseudoneglect: Effects of Hemispace on a Tactile Line Bisection Task," *Neuropsychologia* 18, nos. 4–5 (January 1980): 491–98.
44. Michael E.R. Nicholls, Andrea Loftus, Kerstin Mayer, and Jason B. Mattingley, "Things That Go Bump in the Right: The Effect of Unimanual Activity on Rightward Collisions," *Neuropsychologia* 45, no. 5 (March 14, 2007): 1122–26.
45. Michael E.R. Nicholls et al., "A Hit-and-Miss Investigation of Asymmetries in Wheelchair Navigation," *Attention Perception & Psychophysics* 72, no. 6 (August 2010): 1576–90.
46. Nicholls et al., "A Hit-and-Miss Investigation of Asymmetries in Wheelchair Navigation."
47. Robinson, "The Psychology of Public Education," 128.

▪ 第 11 章

1. Paul R. Farnsworth, "Seat Preference in the Classroom," *The Journal of Social Psychology* 4, no. 3 (1933): 373–76, https://doi.or

g/10.1080/00224545.1933.9919330.

2. L.L. Morton and J.R. Kershner, "Hemisphere Asymmetries, Spelling Ability, and Classroom Seating in Fourth Graders," *Brain and Cognition* 6, no. 1 (1987): 101–11.

3. Robert Sommer, "Classroom Ecology," *The Journal of Applied Behavioral Science* 3, no. 4 (1967): 489–502, https://doi.org/10.1177/002188636700300404.

4. Paul Bakan, "The Eyes Have It," *Psychology Today* 4 (1971): 64–69.

5. Raquel E. Gur, Ruben C. Gur, and Brachia Marshalek, "Classroom Seating and Functional Brain Asymmetry," *Journal of Educational Psychology* 67, no. 1 (1975): 151–53.

6. Gur, Gur, and Marshalek, "Classroom Seating and Functional Brain Asymmetry."

7. Ruben C. Gur, Harold A. Sackeim, and Raquel E. Gur, "Classroom Seating and Psychopathology: Some Initial Data," *Journal of Abnormal Psychology* 85, no. 1 (1976): 122–24.

8. Elias and Saucier, *Neuropsychology*.

9. Morton and Kershner, "Hemisphere Asymmetries, Spelling Ability, and Classroom Seating in Fourth Graders."

10. Victoria L. Harms, Lisa J.O. Poon, Austen K. Smith, and Lorin J. Elias, "Take Your Seats: Leftward Asymmetry in Classroom Seating Choice," *Frontiers in Human Neuroscience* 9, no. 457 (2015).

11. Harms, Poon, Smith, and Elias, "Take Your Seats."

12. George B. Karev, "Cinema Seating in Right, Mixed and Left Handers," *Cortex* 36, no. 5 (2000): 747–52.
13. Peter Weyers, Annette Milnik, Clarissa Muller, and Paul Pauli, "How to Choose a Seat in Theatres: Always Sit on the Right Side?" *Laterality* 11, no. 2 (March 2006): 181–93, https://doi.org/10.1080/13576500500430711.
14. Matia Okubo, "Right Movies on the Right Seat: Laterality and Seat Choice," *Applied Cognitive Psychology* 24, no. 1 (2010): 90–99.
15. Victoria Lynn Harms, Miriam Reese, and Lorin J. Elias, "Lateral Bias in Theatre-Seat Choice," *Laterality* 19, no. 1 (2014): 1–11.
16. Oliver Smith, "Most Popular Aircraft Seat Revealed," *Telegraph*, April 11, 2013, telegraph.co.uk/travel/news/Most-popular-aircraft-seat-revealed.
17. Michael E.R. Nicholls, Nicole A. Thomas, and Tobias Loetscher, "An Online Means of Testing Asymmetries in Seating Preference Reveals a Bias for Airplanes and Theaters," *Human Factors* 55, no. 4 (2013): 725–31.
18. Stephen Darling, Dario Cancemi, and Sergio Della Sala, "Fly on the Right: Lateral Preferences When Choosing Aircraft Seats," *Laterality* 23, no. 5 (2018): 610–24.

第 12 章

1. Coren and Porac, "Fifty Centuries of Right-Handedness."
2. Eero Vuoksimaa, Markku Koskenvuo, Richard J. Rose, and Jaakko Kaprio, "Origins of Handedness: A Nationwide Study of 30 161 Adults," *Neuropsychologia* 47, no. 5 (2009): 1294–1301.
3. Michel Raymond and Dominique Pontier, "Is there Geographical Variation in Human Handedness?" *Laterality* 9, no. 1 (January 2004): 35–51.
4. Steven Pinker, *The Better Angels of Our Nature: Why Violence Has Declined* (New York: Viking, 2011), 802.
5. Napoleon A. Chagnon, *Yanomamö: The Fierce People* (New York: Holt, Rinehart & Winston, 1983).
6. Napoleon A. Chagnon, "Life Histories, Blood Revenge, and Warfare in a Tribal Population," *Science* 239, no. 4843: 985–92.
7. Michel Raymond, Dominique Pontier, Anne-Beatrice Dufour, and Anders Pape Moller, "Frequency-Dependent Maintenance of Left-Handedness in Humans," *Proceedings of the Royal Society B: Biological Sciences* 263, no. 1377 (1996): 1627–33.
8. Thomas V. Pollet, Gert Stulp, and Ton G.G. Groothuis, "Born to Win? Testing the Fighting Hypothesis in Realistic Fights: Left-Handedness in the Ultimate Fighting Championship," *Animal Behaviour* 86, no. 4 (2013): 839–43, http://dx.doi.org/10.1016/j.anbehav.2013.07.026.

9. Roger N. Shepard and Jacqueline Metzler, "Mental Rotation of Three- Dimensional Objects," *Science* 171, no. 3972 (1971): 701–03.
10. Lorin J. Harris, "In Fencing, What Gives Left-Handers the Edge? Views from the Present and the Distant Past,"*Laterality* 15, nos. 1–2 (2010): 15–55.
11. Guy Azemar and J.F. Stein, "Surrepresentation des gauchers, en fonction de l'arme, dans l'elite mondiale de l'escrime," paper presented at the Congres International de la Societe Francaise de Psychologie du Sport in Poitiers, France, in 1994.
12. Olympics Statistics, "Edoardo Mangiarotti," databaseolympics. com, databaseolympics.com/players/playerpage.htm?ilkid=MANGIEDO01.
13. Harris, "In Fencing, What Gives Left-Handers the Edge?"
14. Olympics Statistics, "Edoardo Mangiarotti."
15. Thomas Richardson and R. Tucker Gilman, "Left-Handedness Is Associated with Greater Fighting Success in Humans," *Science Reports* 9, no. 15402 (2019).
16. "How to Score a Fight," BoxRec, http://boxrec.com/media/index.php/How_to_Score_a_Fight.
17. Richardson and Gilman, "Left-Handedness Is Associated with Greater Fighting Success in Humans."
18. Mehmet Akif Ziyagil, Recep Gursoy, enol Dane, and Ramazan Yuksel, "Left-Handed Wrestlers Are More Successful," *Perceptual*

and Motor Skills 111, no. 1 (2011): 65–70.

19. Yunus Emre Cingoz et al., "Research on the Relation Between Hand Preference and Success in Karate and Taekwondo Sports with Regards to Gender,"*Advances in Physical Education* 8, no. 3 (2018): 308–20.

20. Recep Gursoy et al., "The Examination of the Relationship Between Left-Handedness and Success in Elite Female Archers," *Advances in Physical Education* 7, no. 4 (2017): 367–76.

21. Pollet, Stulp, and Groothuis, "Born to Win?"

22. Florian Loffing and Norbert Hagemann, "Pushing Through Evolution? Incidence and Fight Records of Left-Oriented Fighters in Professional Boxing History," *Laterality* 20, no. 3 (2015): 270–86.

23. Robert Brooks, Luc F. Bussiere, Michael D. Jennions, and John Hunt, "Sinister Strategies Succeed at the Cricket World Cup," *Proceedings of the Royal Society B: Biological Science* 271, supplement 3 (2004): S64–S66.

24. Wei-Chun Wang et al., "Preferences in Athletes: Insights from a Database of 1770 Male Athletes," *American Journal of Sports Science* 6, no. 1 (2018): 20–25.

25. Florian Loffing, Norbert Hagemann, Jorg Schorer, and Joseph Baker, "Skilled Players' and Novices' Difficulty Anticipating Left- vs. Right-Handed Opponents' Action Intentions Varies Across Different Points in Time," *Human Movement Science* 40 (2015):

410–21, http://dx.doi.org/10.1016/j.humov.2015.01.018.

26. Florian Loffing, Jorg Schorer, Norbert Hagemann, and Joseph Baker, "On the Advantage of Being Left-Handed in Volleyball: Further Evidence of the Specificity of Skilled Visual Perception," *Attention, Perception, and Psychophysics* 74, no. 2 (2012): 446–53.

27. Francois Fagan, Martin Haugh, and Hal Cooper, "The Advantage of Lefties in One-on-One Sports," *Journal of Quantitative Analysis in Sports* 15, no. 1 (2019): 1–25.

28. Belo Petro and Attila Szabo, "The Impact of Laterality on Soccer Performance," *Strength and Conditioning Journal* 38, no. 5 (October 2016): 66–74.

29. Hassane Zouhal et al., "Laterality Influences Agility Performance in Elite Soccer Players," *Frontiers in Physiology* 9, no. 807 (June 2018): 1–8.

30. Benjamin B. Moore et al., "Laterality Frequency, Team Familiarity, and Game Experience Affect Kicking-Foot Identification in Australian Football Players," *International Journal of Sports Science and Coaching* 12, no. 3 (2017): 351–58.

31. Josu Barrenetxea-Garcia, Jon Torres-Unda, Izaro Esain, and Susana M. Gil, "Relative Age Effect and Left-Handedness in World Class Water Polo Male and Female Players," *Laterality* 24, no. 3 (2019): 259–73.

32. Florian Loffing, Norbert Hagemann, and Bernd Strauss, "Left-Handedness in Professional and Amateur Tennis," *PLoS ONE* 7, no.

11 (2012): 1–8.

33. Barrenetxea-Garcia, Torres-Unda, Esain, and Gil, "Relative Age Effect and Left-Handedness in World Class Water Polo Male and Female Players."

34. Moore et al., "Laterality Frequency, Team Familiarity, and Game Experience Affect Kicking-Foot Identification in Australian Football Players."

35. Florian Loffing, Norbert Hagemann, and Bernd Strauss, "Automated Processes in Tennis: Do Left-Handed Players Benefit from the Tactical Preferences of Their Opponents?" *Journal of Sports Sciences* 28, no. 4 (2010): 435–43.

36. Loffing, Hagemann, and Strauss, "Automated Processes in Tennis."

37. Loffing, Hagemann, and Strauss, "Automated Processes in Tennis."

38. Alex Bryson, Bernd Frick, and Rob Simmons, "The Returns to Scarce Talent: Footedness and Player Remuneration in European Soccer," *Journal of Sports Economics* 14, no. 6 (2013): 606–28.

39. Lorin J. Elias, M.P. Bryden, and M.B. Bulman-Fleming, "Footedness Is a Better Predictor Than Is Handedness of Emotional Lateralization," *Neuropsychologia* 36, no. 1 (1998): 37–43.

40. Lorin J. Elias, M.B. Bulman-Fleming, and Murray J. Guylee, "Complementarity of Cerebral Function Among Individuals with Atypical Laterality Profiles," *Brain and Cognition* 40, no. 1 (1999): 112–15.

41. Elias and Saucier, *Neuropsychology*.

42. Jan Verbeek et al., "Laterality Related to the Successive Selection of Dutch National Youth Soccer Players," *Journal of Sports Sciences* 35, no. 22 (2017): 2220–2224.
43. Lawler and Lawler, "Left-Handedness in Professional Basketball."
44. Florian Loffing, "Left-Handedness and Time Pressure in Elite Interactive Ball Games," *Biology Letters* 13, no. 11 (2017).
45. Loffing, Schorer, Hagemann, and Baker, "On the Advantage of Being Left-Handed in Volleyball."
46. Michael E.R. Nicholls, Tobias Loetscher, and Maxwell Rademacher, "Miss to the Right: The Effect of Attentional Asymmetries on Goal-Kicking," *PLoS ONE* 5, no. 8 (2010): 1–6.
47. Ross Roberts and Oliver H. Turnbull, "Putts That Get Missed on the Right: Investigating Lateralized Attentional Biases and the Nature of Putting Errors in Golf," *Journal of Sports Sciences* 28, no. 4 (2010): 369–74.
48. J.P. Coudereau, Nils Gueguen, M. Pratte, and Eliana Sampaio, "Tactile Precision in Right-Handed Archery Experts with Visual Disabilities: A Pseudoneglect Effect?" *Laterality* 12, no. 2 (2006): 170–80.
49. Martin Dechant et al., "In-Game and Out-of-Game Social Anxiety Influences Player Motivations, Activities, and Experiences in MMORPGs," in *Proceedings of the 2020 CHI Conference on Human Factors in Computing Systems* (New York: Association for Computing Machinery, 2020), 1–14, https://dl.acm.org/doi/fullHt

ml/10.1145/3313831.3376734.

50. Andrew J. Roebuck et al., "Competitive Action Video Game Players Display Rightward Error Bias During On-Line Video Game Play," *Laterality* 23, no. 5 (2018): 505–16.

51. Anne Maass, Damiano Pagani, and Emanuela Berta, "How Beautiful Is the Goal and How Violent Is the Fistfight? Spatial Bias in the Interpretation of Human Behavior," *Social Cognition* 25, no. 6 (2007): 833–52.

圖片來源

圖 1	Mileva Elias.
圖 2	Adapted from ID 19746175 by Alila07@Dreamstime.com.
圖 3	Adapted from ID 109842682 by Aleksandr Gerasimov@Dreamstime.com.
圖 4	ID 5315085 by Edurivero@Dreamstime.com.
圖 6	Print from Theodoor Galle after Peter Paul Rubens, British National Museum.
圖 7	Adapted from ID 182980116 by Hector212@Dreamstime.com.
圖 8	Lauren Winzer.
圖 9	Mileva Elias.
圖 10	Mileva Elias.
圖 11	Victor Jorgensen.
圖 12	ID 60634149 by Alena Ozerova@Dreamstime.com.
圖 13	ID 9585375 by Alena Ozerova@Dreamstime.com.
圖 14	Adapted from ID 4194893 by Konstantin Tavrov@Dreamstime.com.
圖 15	Adapted from ID 178737613 by Sansak Kha@Dreamstime.com and data from Amandine Chapelain.
圖 16	ID 208712613 by Ruslan Gilmanshin@Dreamstime.com.
圖 17	ID 34084781 by Ken Backer@Dreamstime.com.

圖 18	Punya Miglani.
圖 19	Hotshotsworldwide@Dreamstime.com.
圖 20	ID 18528270 by Nilanjan Bhattacharya@Dreamstime.com.
圖 21	ID 139019607 by Lillian Tveit@Dreamstime.com.
圖 22	ID 188540489 by Mrreporter@Dreamstime.com.
圖 23	Adapted from ID 67495746 by Bowie15@Dreamstime.com.
圖 24	Wikimedia Commons public domain works of art.
圖 25	ID 227815732 by Giorgio Morara@Dreamstime.com.
圖 26	Mileva Elias.
圖 27	ID 85627676 by Sergei Nezhinskii@Dreamstime.com.
圖 28	Wikimedia Commons, public domain works of art.
圖 29	ID 167077829 by Anatolii63@Dreamstime.com.
圖 30	ID 150169703 by Anatolii63@Dreamstime.com.
圖 31	ID 184446808 by Iuliia Selina@Dreamstime.com.
圖 32	Lorin J. Elias.
圖 33	Adapted from ID 216057999 by Archangel80889@Dreamstime.com.
圖 34	Adapted from ID 156155797 by Maxim Ivasiuk@Dreamstime.com.
圖 35	Wikimedia Commons, public domain works of art.
圖 36	Naoharu Koayashi.

圖 37	Lorin J. Elias.
圖 38	ID 113948281 by Martina1802@Dreamstime.com.
圖 39	ID 53410192 by Mili387@Dreamstime.com.
圖 40	ID 20716662 by Hara Sahani@Dreamstime.com.
圖 41	Wikimedia Commons, public domain works of art.
圖 42	Wikimedia Commons, public domain works of art.
圖 43	Adapted from ID 120732458 by Peter Hermes Furian@Dreamstime.com.
圖 44	Jean-Honore Fragonard, *Pastoral Scene*, public domain artwork.
圖 45	Adapted from ID 7228587 by Pavel Losevsky@Dreamstime.com.
圖 46	Lorin J. Elias, adapted from Marra Mazzurega.
圖 47 右	Adapted from ID 19574713 by Stelya@Dreamstime.com.
圖 47 左	Adapted from Wikimedia Commons.
圖 48	ID 58216390 by Yuliia Yakovyna@Dreamstime.com.
圖 49	Wikimedia Commons, public domain work.
圖 50	Lorin J. Elias.
圖 51	Mileva Elias.
圖 52	Wikimedia Commons, public domain work.
圖 53	Lorin J. Elias.
圖 54	Adapted from ID 141758584 by Ustyna Shevhcuk@Dreamstime.com.

圖 55	Lorin J. Elias, adapted from an image by Victoria Harms.
圖 56	Lorin J. Elias, adapted from an image by Victoria Harms.
圖 57	Adapted from ID 90708094 by Nitinut380@Dreamstime.com.
圖 58	Wikimedia Commons, public domain work.
圖 59	ID 26873780 by Fabio Brocchi@Dreamstime.com.
圖 60	ID 1934104 by Nicholas Rjabow@Dreamstime.com.
圖 61	pngkit.com.
圖 62	Adapted from ID 7310661 by Guilu@Dreamstime.com.

大腦側效應

秀左臉，向右轉？左右我們行為偏好的祕密
Side Effects : How Left-Brain Right-Brain Differences Shape Everyday Behaviour

作　　者	洛林・J・伊萊亞斯（Lorin J. Elias）
譯　　者	吳煒聲
特約編輯	呂美雲
封面設計	許晉維
內頁版型	江麗姿
內頁排版	菩薩蠻事業股份有限公司
業務發行	王綬晨、邱紹溢、劉文雅
行銷企劃	黃羿潔
資深主編	曾曉玲
總 編 輯	蘇拾平
發 行 人	蘇拾平
出　　版	啟動文化
	Email：onbooks@andbooks.com.tw
發　　行	大雁出版基地
	新北市新店區北新路三段207-3號5樓
	電話：(02)8913-1005　傳真：(02)8913-1056
	Email：andbooks@andbooks.com.tw
	劃撥帳號：19983379
	戶名：大雁文化事業股份有限公司
初版一刷	2025年8月
定　　價	550元
Ｉ Ｓ Ｂ Ｎ	978-986-493-219-1
Ｅ Ｉ Ｓ Ｂ Ｎ	978-986-493-218-4 (EPUB)

國家圖書館出版品預行編目(CIP)資料

大腦側效應：秀左臉,向右轉?左右我們行為偏好的祕密/洛林J.伊萊亞斯(Lorin J. Elias)著；吳煒聲譯. -- 初版. -- 新北市：啟動文化出版：大雁出版基地發行, 2025.08
　面；　公分
譯自：Side Effects : How Left-Brain Right-Brain Differences Shape Everyday Behaviour
ISBN 978-986-493-219-1(平裝)

1.腦部 2.人類行為 3.行為科學

394.911　　　　　　　　　　　114007991

版權所有・翻印必究 ALL RIGHTS RESERVED
如有缺頁、破損或裝訂錯誤，請寄回本社更換
歡迎光臨大雁出版基地官網 www.andbooks.com.tw

Side Effects © 2022 Lorin J. Elias Ph.D.
Original English language edition published by Dundurn Press Ltd. PO Box 19510 RPO Manulife, Toronto Ontario M4W 3T9, Canada.
Arranged via Licensor's Agent: DropCap Inc.
through BIG APPLE AGENCY, INC., LABUAN, MALAYSIA.
Traditional Chinese edition copyright:
2025 On Books, a division of And Publishing Ltd.
All rights reserved.